†

NOTICE BIOGRAPHIQUE

SUR MONSIEUR L'ABBÉ

Louis-Amédée-Auguste MORMENTYN

ANCIEN ÉLÈVE, ANCIEN PROFESSEUR DE L'ÉCOLE LIBRE

NOTRE-DAME DE BOULOGNE-SUR-MER

Pieusement décédé le 5 Octobre 1882

BOULOGNE-SUR-MER

IMPRIMERIE VEUVE CHARLES AIGRE

4, RUE DES VIEILLARDS

NOTICE BIOGRAPHIQUE

SUR MONSIEUR L'ABBÉ

Louis - Amédée - Auguste MORMENTYN

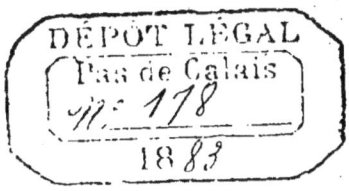

†

NOTICE BIOGRAPHIQUE

SUR MONSIEUR L'ABBÉ

Louis-Amédée-Auguste MORMENTYN

ANCIEN ÉLÈVE, ANCIEN PROFESSEUR DE L'ÉCOLE LIBRE
NOTRE-DAME DE BOULOGNE-SUR-MER

Pieusement décédé le 5 Octobre 1882

BOULOGNE-SUR-MER

IMPRIMERIE VEUVE CHARLES AIGRE

4, RUE DES VIEILLARDS

> *Erat puer docilis et amabilis valde.*
> C'était un enfant plein de docilité
> et d'amabilité (*Vie de St Bernard.*)
>
> *Nulla vitæ pars... vacare, officio potest,
> in eoque colendo sita vitæ est
> honestas omnis, et in negligendo
> turpitudo* (*Cicero de off., liber Ier*).
> Aucune partie de la vie... n'est
> exempte du devoir, c'est à le
> pratiquer que consiste l'honnêteté
> de la vie, comme c'est en le négligeant qu'on s'expose à la honte !

C'est pour notre consolation et pour l'édification des pieux lecteurs qui voudront connaître cette notice biographique, que nous avons cédé aux pressantes instances des amis de celui que nous pleurons, et que nous avons résolu d'écrire la vie de M. l'abbé Louis Mormentyn. En redisant les qualités admirables de ce jeune homme, ses vertus si rares, à notre époque, nous croirons respirer encore ce suave parfum de piété, qui s'exhalait de toute sa personne, quand le Ciel ne nous l'avait pas repris.

Hélas, Seigneur ! que vos desseins sont impénétrables ! nous le savions, le trésor que vous nous aviez donné était si précieux ! sa place était au Ciel. Merci du moins de nous avoir permis de le posséder quelques années !

Mais tout n'a point disparu avec lui. Le souvenir de sa vie rayonnera longtemps encore, comme une douce lumière, sur le chemin qu'il a parcouru, et y guidera ses chers amis, ses condisciples, les jeunes gens qui se proposent d'arriver aussi à la perfection.

Que notre humble travail procure, avant tout, un adoucissement à la douleur d'une famille qui serait inconsolable, si, auprès d'une tombe chérie, la foi n'allumait un flambeau, symbole de vie, et si l'Eglise, notre mère, ne chantait, d'une voix assurée, ses victoires sur la mort.

O père, ô mère, profondément affligés ! O sœur désolée ! si chaque jour votre douleur croît et devient plus forte, espérez ! Il est avec le Seigneur celui qui n'est plus avec vous ; ne croyez pas mort celui qui est vivant dans votre cœur. Bénissez le Dieu qui vous ménage tant et de si douces consolations parmi ses plus cruelles épreuves !

CHAPITRE PREMIER

SA NAISSANCE. — SES HEUREUSES DISPOSITIONS

Louis-Amédée-Auguste Mormentyn, naquit le 25 mai 1862, au village de Guemps, canton d'Audruicq ; il reçut, sur les fonds baptismaux, le nom d'Amédée, nom glorieux dans sa famille ; c'était celui d'un véritable apôtre, de l'illustre Monseigneur Rappe, évêque de Cléveland. L'Amérique du Nord conserva longtemps le souvenir de son zèle intrépide, de ses travaux immenses pour la diffusion de la bonne nouvelle.

Les parents désiraient vivement que leur enfant fut baptisé par un oncle, cher à tant de titres. Mais la distance qui les séparait de lui était considérable, les devoirs de l'évêque étaient trop pressants, trop multipliés. Cependant les faveurs de Dieu franchissent toutes les distances : le vénérable missionnaire envoya au nouveau-né, du fond de son diocèse lointain, une bénédiction tirée de son cœur brûlant de l'amour divin. On l'a dit : « La bénédiction des saints est la rosée qui fait germer et croître les fleurs du Paradis. » Les vingt années que Louis passera sur la terre en seront une nouvelle preuve. Cette bénédiction l'accompagne partout. Elle environne son berceau, elle est le phare qui lui montre la voie qu'il doit suivre, et, à ses derniers moments, elle le fortifie pour soutenir la lutte suprême et ravir le Ciel.

Ses parents, honorables cultivateurs, issus de ces familles où l'attachement à la religion est héréditaire, inébranlable, connurent toute l'étendue de leurs obligations envers leurs enfants. Le père, laborieux, intelligent, se donne tout entier à la culture, et il voit Dieu bénir ses travaux, parce qu'il laisse à une épouse solidement chrétienne, le soin de former la petite famille à la vertu. Rien de mou, rien qui énerve le cœur dans cette éducation première, reçue au foyer domestique. Une sollicitude de tous les instants veille à tenir Louis éloigné de ce qui pourrait ternir son innocence. Nul plus que lui ne profite de cette éducation virile, qui a pour principes la piété, la pureté, l'obéissance.

A peine commence-t-il à bégayer et déjà il se plaît à répéter les doux noms de Jésus et de Marie, avec un ton de sentiment qui charme ceux qui l'entourent ; de ses petites mains, il se marque du signe de la croix avec une attention qui n'est pas ordinaire à son âge.

Les années développant sa raison précoce, on vit cet ange de la terre tout pénétré de la présence de Dieu, lorsqu'il s'essayait à prier, et l'on reconnut en lui un goût particulier pour la piété. Qui peindra son bonheur lorsqu'on le conduisait aux saints offices et lorsqu'on lui expliquait les cérémonies religieuses auxquelles il avait assisté ? Il n'oubliait aucun détail, tant l'impression qu'il en ressentait était profonde, tant sa mémoire était fidèle à garder tout ce qui concerne les choses de Dieu !

Ce que le pieux enfant était déjà à l'égard de ses parents, on le devine facilement : sa tendresse, sa soumission étaient parfaites. Le 31 décembre 1870, il leur écrivait : « Je suis petit et n'ai qu'un petit cœur ; mais tout petit qu'il est, ce cœur fait chaque jour des vœux pour votre bonheur ; chaque jour vos soins et votre tendresse y versent des trésors de joie et d'amour. Le cadeau vous en plaira, je gage : quel présent à vos yeux pourrait valoir mon petit cœur ? »

Ces dispositions ne se démentirent jamais : sa joie était d'aller au-devant de leurs désirs, et jamais il ne reçut d'eux le moindre reproche, — toujours respectueux et docile, il exécutait gaîment et avec promptitude ce qu'ils lui commandaient, et il s'empressait de faire ce qu'il savait leur être plus particulièrement agréable. Naguère son père inconsolable nous disait qu'au premier signe d'un ordre quelconque, Louis quittait tout pour obéir, en s'écriat : Oui, papa !

Il était l'aîné : aussi quelles attentions délicates

pour « sa petite sœur Elise », selon son expression ordinaire. Enfant, il n'eut jamais rien de l'enfance ; ses jouets, il les conserve pour Elise ; quant à lui, il ne désire rien, il n'est heureux que quand il procure à sa sœur tous les amusements et qu'il la voit parée des plus beaux vêtements qui conviennent à son âge. Et lui, semblable au plus jeune captif de la tribu de Nephthalie, il offre déjà aux regards de ceux qui l'observent avec admiration, ce saint mélange dont parle saint Augustin, des meilleures qualités qui accompagnent ordinairement et la vieillesse et l'enfance. *Sit senectus vestra puerilis et pueritia senilis (Aug. in Psal., 112).*

Du sanctuaire de la maison paternelle, il se dirigea vers le Temple du Seigneur. Chaque jour, il se levait de bonne heure, pour arriver au village longtemps avant l'ouverture de l'école, et si on lui en eût demandé la raison, sa réponse eût été celle du bienheureux Berchmans à son aïeule : « Je sers la messe avant de me rendre à l'école, pour que le bon Dieu m'accorde la grâce d'apprendre et de retenir mieux mes leçons. »

Toute ma vie, je n'oublierai la tristesse que je remarquai sur le visage de cet enfant de neuf ans, lorsqu'un jour je dus dire la sainte messe plus tôt que de coutume, pour me rendre à une conférence ecclésiastique. — Je n'avais pu avertir l'enfant de chœur. Je rencontre Louis : « La messe a eu lieu, me dit-il ? — Oui, mon enfant, lui répondis-je. —

C'est regrettable, continue-t-il, je l'ai entendu sonner; j'ai couru de toutes mes forces. — Impossible d'arriver à temps. — Une autre fois, vous voudrez bien me prévenir, n'est-ce pas? — Louis est donc déjà l'enfant du devoir. — Ce sera la note dominante de son beau caractère. — Au pied de l'autel, il est le parfait modèle de ses petits camarades. — C'est que déjà, il est fort l'empire de la religion sur son âme. Il avait à peine franchi le seuil de la maison de Dieu, que tout son extérieur était empreint du respect le plus profond : quelle que fut la longueur des saints offices, ce respect ne l'abandonnait jamais. A le voir revêtir son costume d'enfant de chœur, l'on eût dit un lévite prenant les ornements sacrés. Les mains sur la poitrine, les yeux saintement baissés, il se rendait au pied de l'autel, et là, on l'aurait pris pour un ange : sa piété devenait plus tendre et le rendait plus attentif à l'entière observation des touchantes cérémonies qui le concernent; ni le prêtre, ni ses compagnons, qui servent aussi à l'autel, n'ont jamais remarqué un geste, un mouvement, une démarche quelconque, rien qui fut étranger aux prescriptions du cérémonial. Quel silence, quel recueillement! La présence du Dieu de l'Eucharistie l'absorbait tout entier; il avait dès lors cette gravité, cette modestie de maintien qui le distingueront partout.

Calme, réfléchi par nature, Louis était pourtant sensible aux charmes d'une honnête récréation; il était d'une gaîté toujours douce et toujours égale. Plein d'indulgence, sans bouderie, sans rancune, sa société plaisait beaucoup à tous ses petits camarades ; c'est là d'ailleurs l'inestimable privilège des enfants qui n'ont pas souillé la blancheur de leur robe baptismale. L'innocence de sa vie l'entretenait dans un contentement continuel ; et cette joie de son âme se peignant dans ses yeux, lui donnait cette physionomie de bonheur, qui rendait son extérieur si charmant, et faisait qu'on aimait à le considérer.

Le maître d'école, homme judicieux, habile à reconnaître les aptitudes d'un enfant, n'avait pas tardé à s'apercevoir que Louis, quoique se portant avec ardeur à tout ce qu'on voulait lui apprendre, avait un goût prononcé pour les matières religieuses. Le catéchisme, l'histoire sainte faisaient ses délices : il les étudiait avec une attention merveilleuse, et les retenait de son mieux. Il n'eût voulu causer le plus léger chagrin à son premier maître. C'est assez dire qu'il ne commit jamais la moindre désobéissance. Ses petits condisciples étaient-ils réprimandés ou punis, Louis ne souffrait pas qu'ils se laissassent aller au murmure, qu'ils s'abandonnassent au dépit : il leur faisait des observations amicales ; et souvent, le ton de douceur avec lequel il leur parlait, joint à l'ascendant de sa vertu et à l'estime que tous avaient pour lui, produisait le plus heureux effet sur les coupables.

CHAPITRE DEUXIÈME

LOUIS FAIT SA PREMIÈRE COMMUNION

La première communion est un acte bien important dans la vie ; en général, elle décide du sort de l'homme pour toujours. Grâce à son intelligence précoce, grâce surtout aux lumières que lui donnaient ses vertus naissantes, Louis l'avait compris mieux que tout autre. Aussi, il n'attend point le dernier moment pour se disposer à s'asseoir au banquet des forts, que la religion, dans sa maternelle sollicitude, offre à notre faiblesse, à cette époque si critique de notre existence, où les passions commencent à troubler l'imagination et à agiter les sens. Dès lors, il redouble d'ardeur dans la prière et dans son application à l'étude du catéchisme. Il ne perd jamais la première place qu'il avait constamment tenue pendant toutes les années préparatoires. Le texte du catéchisme, il le sait parfaitement depuis longtemps ; ce qu'il veut, ce qu'il cherche avec avidité, c'est le sens de la lettre. Il écoute attentivement les explications qui sont données à l'église, et, rentré chez lui, il les repasse dans sa mémoire, demande des éclaircissements à une mère qui suit, avec le plus vif intérêt, les progrès de son cher enfant. Un jour, un camarade lui dit qu'il travaille trop. « Non, non, répondit-il, on ne peut jamais être trop instruit pour faire sa première communion. » Le prêtre comme ses compagnons admirait la justesse, la promptitude de ses réponses. On ne s'en étonnera pas, quand on saura qu'il avait recours à la protection toujours efficace de la Très-Sainte-Vierge.

Depuis longtemps déjà, il ne passait point un seul jour sans réciter une partie de son chapelet ; à l'approche de la première communion, il le récite en entier. Le soir, après avoir étudié ses leçons et fait sa prière, il va prendre son repos, mais il n'oublie pas la recommandation qui lui a été faite au catéchisme ; il prend son chapelet et le sommeil lui arrive ainsi doucement, alors que ses lèvres murmurent pieusement les beaux noms de Jésus et de Marie. Et la Sainte Vierge exauçait celui qui l'appelait sa mère : « Si je suis premier, disait-il, ce n'est pas à moi qu'en revient le mérite, mais à la bonne Vierge que je prie souvent, pour obtenir toutes les faveurs dont j'ai tant besoin. »

Les leçons du catéchisme assidûment suivies et écoutées avec une religieuse attention, avaient fait connaître à Louis tout le prix du trésor que l'on trouve dans la sainte communion. Aussi, que de précautions, quelle vigilance pour se préserver de tout ce qui aurait pu blesser l'aimable vertu d'innocence, qui fait descendre Jésus-Hostie dans notre cœur, avec toutes ses grâces ! Il fuit les compagnons peu délicats, à l'égard de cette vertu ; il s'efforce, en un mot, d'éviter toute faute, quelque légère qu'elle soit, ne voulant point contrister les regards d'un Dieu jaloux de notre cœur. Tout ce qu'il fait, il le fait bien. Ses moindres imperfections, il les découvre, les remarque et les dévoile au tribunal de la pénitence. « Que l'on est heureux, répéte-t-il, souvent, quand on s'est bien confessé, on est comme un ange !... »

Voici le moment de la retraite de première communion : Louis sait que la communion dépend surtout de la confession qui la précède. Or c'est la retraite qui prépare la bonne confession. Pour Louis le catéchisme était un exercice sérieux, solennel ; mais ce qui va se passer est à ses yeux d'une tout autre gravité ; quelque chose d'admirable est sur le point de s'accomplir dans son jeune cœur, la religion doit y faire briller tout l'éclat de sa mystérieuse puissance. Comme on le devine bien, après de si heureux commencements, il ne s'agit point ici de fixer un caractère léger, inconstant, de faire retrouver l'innocence à une âme flétrie, non ; mais la retraite apparaît à Louis comme quelque chose d'un sérieux extraordinaire, comme le moment favorable aux plus grandes bénédictions de Dieu. Il y entre tout entier ; son esprit et son cœur de longtemps et très sérieusement préparés, y reçoivent la dernière touche ; les impressions qu'il y éprouve, sont de celles qui vont jusqu'aux plus secrètes profondeurs de l'âme. Pendant qu'il s'applique uniquement à cette grande œuvre de la retraite, la grâce a sur son cœur une action vraiment prodigieuse. C'est pour lui aussi que sainte Thérèse eût dit ces admirables paroles : « J'ai vu la grâce de Dieu fondre sur cette jeune âme, comme une aigle puissante aux ailes étendues, la ravir à la terre et l'enlever jnsqu'aux cieux. » Les grandes et terribles vérités de la religion ne l'effraient point outre mesure ; Marie vient à son secours ; sa conscience pure, tranquille lui rend un bon témoignage, un saint tremblement le saisit, mais il a confiance. Point d'émotions trop violentes, point de vaines terreurs ; il est ce qu'il doit être, il a toute la componction désirable. Pendant les instructions, il était immobile, les bras croisés ou les mains jointes, tout le corps dans l'attitude d'un recueillement angélique. Les chants qui précédaient la prédication faisaient la plus vive impression sur lui. Chaque vers perçait son âme comme d'un trait, les larmes coulaient abondantes de ses yeux. Ah ! c'est que, comme il le disait, il pleurait pour lui, il pleu-

rait pour les fautes de ses petits camarades : « Je
« veux, continuait-il, que nous fassions tous une
« bonne première communion. » Enfin le grand
jour est venu, Louis se rend à l'église, tout rayonnant d'une joie contenue, profonde. Les meilleurs
sentiments sont dans son cœur, et tout ce qu'il doit
aimer sur la terre, il l'aime plus tendrement que
jamais ; en le voyant se diriger vers le sanctuaire,
on remarquait en lui ce je ne sais quoi de divin, de
céleste qui saisissait jusqu'au fond de l'âme les
indifférents eux-mêmes. Voici le moment suprême :
la tête modestement baissée, il est profondément
recueilli, lorsqu'il gravit le premier degré de l'autel
pour s'unir à son Dieu. L'acte sublime accompli,
Louis prend une attitude plus pénétrée que jamais,
et le spectacle qu'il donne à ceux qui observe ses
mouvements, n'est plus de la terre, c'est quelque
chose du Ciel.

Une paix profonde, une félicité parfaite inondent
son cœur ; il éprouve la douce vérité de ces paroles qu'il chante avec les compagnons de ses
délices :

> Qu'ils sont aimés, grand Dieu, tes tabernacles,
> Qu'ils sont aimés et chéris de mon cœur !

Et puis, il se jette tout tressaillant des saintes joies
de la communion, dans les bras de ses parents chéris.
Eux aussi, sortaient du banquet divin, heureux de

leur propre bonheur, plus heureux encore du bonheur de leur enfant. Dans quelle pieuse étreinte se pressèrent mutuellement ces cœurs où reposait le Dieu qui est toute charité ! avec quelle tendresse respectueuse, se collèrent les unes sur les autres ces lèvres encore toutes teintes du sang de l'agneau divin !

Il est beau, il est radieux entre tous les jours, celui où, pour la première fois, le sacrement de l'eucharistie consomme dans le jeune chrétien la plus complète possession de Jésus-Christ ici-bas ; jour du Ciel, plutôt que de la terre, où l'enfant revenant du temple, rapporte son Dieu dans son propre corps, devenu un tabernacle, transformé en un véritable sanctuaire où la famille entière aime et adore l'auguste victime.

Louis, plus que tout autre, goûte ces ineffables délices ; quels trésors de douceurs et de grâces versa, dans cette âme innocente, celui qui se plaît tant parmi les lis ! Le soir de ce beau jour, il se consacra solennellement à la Reine du Ciel par une démarche, réfléchie, sérieuse, dont il comprenait toute l'importance. Bien assuré de conserver l'innocence tant qu'il conserverait la protection de la reine des vierges, il résolut de ne rien négliger pour lui plaire, et lui rester fidèle. On eût dit qu'il connaissait la recommandation de saint Bernard : « Tenons-nous aux pieds de Marie, ne les abandonnons pas, qu'elle ne nous ait bénis, car elle est toute-puissante. » En un mot, ce grand jour de la première communion fut littéralement pour lui un jour qui ne se rencontre qu'une fois sur la terre, et qu'il ne tardera pas à retrouver uniquement dans le Ciel.

CHAPITRE TROISIÈME

LES ÉTUDES COMMENCENT

Louis faisait sa première communion le 22 mai 1874; le 28 avril 1875, notre évêque bien-aimé, Monseigneur Lequette, de si regrettée mémoire, lui accorde une nouvelle et insigne faveur en lui conférant le sacrement de confirmation. Louis s'était préparé avec le plus grand soin à la visite de l'Esprit-Saint. Il savait qu'une fois dans la vie, la troisième personne divine, descend dans l'âme du chrétien par le sacrement de confirmation. Ces pensées lui firent apporter une assiduité parfaite, l'attention la plus soutenue aux instructions qui furent données à ce sujet. Il se tint dans le plus grand recueillement, s'unissant en esprit à la Très Sainte Vierge et aux Apôtres, dans le Cénacle. Jésus, par la sainte communion, prépara dans son âme une place à l'Esprit sanctificateur ; et l'on vit en Louis, à part les prodiges extérieurs, comme un renouvellement véritable de la première Pentecôte chrétienne. Pendant l'auguste cérémonie, son cœur, brûlant d'une ardeur séraphique appelle de tous ses vœux l'Esprit trois fois saint. Il est exaucé ; la plénitude des dons de l'amour divin est en lui, sa ferveur augmente encore, s'il est possible, son âme n'est plus l'âme d'un enfant, elle est déjà celle d'un homme fait et ses actions sont animées, réglées par ce mélange de prudence et de courage, de zèle et de modestie dont se compose la sagesse des enfants de Dieu.

Il nous semble qu'après avoir reçu le sacrement de confirmation il ait voulu renouveler son acte de consécration à la Bienheureuse Vierge Marie. Nous en avons même la touchante preuve dans cet acte que nous avons trouvé dans l'un de ses cahiers, et qu'il avait été heureux de copier, quelques jours après sa confirmation, dans un livre de piété ;

« *O Domina mea ! O mater mea ! tibi me totum offero ; atque ut me tibi probem devotum, consecro tibi hodie oculos meos, aures meas, os meum, cor meum, plane me totum, quoniam itaque tuus sum, o bona mater! Serva me, defende me, ut rem ac possessionem tuam. O Domina mea ! O mater mea ; memento me esse tuum, etc...* »

Louis nous disait souvent qu'il souhaitait ardemment pouvoir comprendre par lui-même cette consécration à la Très Sainte Vierge. Il ne tardera pas à être satisfait. Ses parents vont au-devant de ses désirs ; ils voient qu'il faut élargir le cercle de ses études, que son intelligence est à l'étroit dans les leçons qu'il a reçues jusqu'ici. Des études plus sérieuses vont commencer au presbytère. Qui dira toute sa joie ? Bientôt, disait-il, je servirai mieux encore la Sainte Messe, j'aimerai encore davantage l'office du soir, parce que je comprendrai la langue de l'Eglise notre mère. — Dès lors, il est plus que jamais l'enfant docile, aimable que tous ont connu.

Le presbytère, à cette époque, est vieux, restreint, se prêtant mal à l'installation d'une petite salle d'études : aussi le choix est promptement fait, c'est à la sacristie que l'on étudiera ; Louis, avec deux compagnons, s'y trouvera plus heureux auprès de Jésus-hostie, qui inspirait l'ange de l'École. Il nous en souvient, nous lisions chaque jour la *Vie des Saints :* dans celle de saint Thomas, nous trouvions les conseils que le grand docteur donne aux jeunes étudiants ; Louis ne les oublie pas, il les met de son mieux en pratique, il ne se presse pas de dire ce qu'il pense, ou de montrer ce qu'il a déjà appris, il parle peu et ne répond jamais avec précipitation — *Tardiloquum te esse jubeo.* — Que de fois il adore en esprit le Dieu de l'Eucharistie qui se trouve tout près de lui ! *Orationi vacare non desinas.* Il est, pour ainsi dire, toujours cœur à cœur avec l'auguste victime de nos autels. Toujours doux et affable envers ses camarades, il ne se familiarise pas trop avec eux.

Point de légèretés, de dissipations si naturelles à son âge : c'est l'enfant du devoir dans toute la rigueur du terme. Aussi les leçons sont apprises, les devoirs terminés à l'heure fixée par le petit règlement. A chaque correction, Louis prend une nouvelle résolution de mieux travailler, si c'est possible. En un mot, il est déjà pour ses deux condisciples, ce qu'il sera pour les jeunes gens du collège, un modèle de silence, d'application, de docilité. Il prend Dieu seul pour témoin de tout ce qu'il fait, mais en retour quelles bénédictions il reçoit! Une sainte avidité d'enrichir son esprit le dévore; il classe déjà, avec ordre, dans sa mémoire les connaissances qu'il acquiert. Il ne se contente pas d'étudier superficiellement ce qu'il lit ou ce qu'il entend, mais il veut en pénétrer, en approfondir le sens. Chaque jour est marqué pour lui par un progrès sensible, on lui donne tous les encouragements ; ses parents le bénissent, le récompensent ; et lui, sans se complaire dans les éloges qu'on lui prodigue, ne se réjouit que parce qu'on le trouve digne des soins dont on l'entoure et des sacrifices que l'on s'impose en sa faveur. Mais le moment est venu d'aller cueillir des palmes sur un autre champ de bataille. Dieu veut donner aux jeunes gens, un modèle de plus : Louis ira au collège.

CHAPITRE QUATRIÈME

LE COLLÈGE

C'était en 1881 : à propos du jugement inique du tribunal des conflits, que l'on savait devoir être rendu infailliblement contre les Jésuites, l'avocat de ces religieux odieusement persécutés s'était retiré en s'écriant : « Je renonce à plaider une cause dont le sort est fixé à l'avance. » C'était le plus grand affront qui pût être infligé à ce tribunal. Et les Jésuites pouvaient dire comme au temps de la Restauration : « Nous croyions trouver des juges et nous ne voyons que des accusateurs. » Et Louis, élève du collège Notre-Dame de Boulogge-sur-Mer, s'alarmait, et écrivait à ses biens-aimés parents : « Sans l'inter-
« vention divine, il est possible que dans quinze
« jours, nous soyons obligés d'évacuer nos classes
« et nos salles d'étude pour gagner la maison pa-

« ternelle. De là quoi ? Les uns, une maison dirigée
« par des prêtres ; c'est vrai : mais les autres, un
« lycée, c'est-à-dire la perdition, la haine de tout ce
« qu'il y a de sacré, de tout ce que nos pères res-
« pectaient, et que le siècle actuel dénigre, repousse,
« détruit. »

Ce qu'à dix-neuf ans, Louis redoutait pour les jeunes gens, ses parents l'ont redouté pour lui au moment de choisir une maison d'éducation pour y placer leur enfant.

L'illustre évêque de Cléveland est heureux d'apprendre la décision prise à ce sujet. Louis lui annonce qu'il est à l'école libre de Notre-Dame de Boulogne. Monseigneur Rappe, de vénérée mémoire, lui répond :

« Mon cher neveu,

« Je vous félicite ou plutôt je félicite vos bons parents de vous avoir placé sous la conduite de si bons maîtres ; et par votre lettre, je vois que vous vous efforcerez de mettre à profit les leçons de vertu et de science que vous recevrez chaque jour. L'âge et l'expérience vous apprendront à apprécier de plus en plus le bienfait d'une bonne éducation. L'enfer remue ciel et terre pour bouleverser notre chère France ; et, comme la religion est le meilleur soutien de l'ordre, c'est à la religion, à l'Église, notre Mère, que les suppôts de Satan s'en prennent avec une malice et une rage effrayante. Trempez donc votre âme dans le feu d'un zèle éclairé, en tout et partout déclarez-vous catholique, dévoué et intrépide. Vous commencez vos armes avec de fiers champions de la foi. Voilà, mon cher ami, ce qui me console pour votre éternité.

« Je vous bénis *ex toto corde*.

« † A..., évêque de Cléveland. »

Les sages conseils, la nouvelle bénédiction du saint missionnaire portèrent leurs fruits. La vertu, la science, Louis fera tous ses efforts pour les acquérir ; on le voit plus studieux que jamais, point de relâche, point de repos qu'il n'ait obtenu le premier rang dans sa classe. C'est le témoignage de ses maîtres.

« Pendant ses humanités, dit l'un d'eux, la santé de Louis a été fort éprouvée. Les souffrances de tête, causées par les tensions nerveuses presque continues et surexcitées par une anémie très-prononcée, ont duré toute l'année. Malgré cet état de souffrance, Louis n'a pas quitté le collège, cette année. Je savais que les deux années précédentes, il avait devancé de beaucoup l'époque des vacances pour prolonger son repos et qu'il avait été dans sa famille même pendant l'année scolaire. Pendant cette année, Louis a fait résolûment et joyeusement le sacrifice de tout adoucissement de ce genre, quoique légitimé pour lui, à bien des égards. Les souffrances de tête étaient telles cependant que, trois ou quatre jours par semaines, il lui était presque impossible de parler, de marcher, d'ouvrir et de fixer les yeux, sans que les larmes jaillissent malgré lui. De son aveu, l'année n'a été qu'une année de souffrances physiques et de grande faiblesse ; mais il me répétait chaque jour, que tout cela était supportable, *grâce à la Très Sainte Vierge*. Chaque jour, en effet, ou presque chaque jour, je le voyais en particulier, pour déterminer l'emploi de ses études du jour, et pour surveiller les excès de sa vertu. A chaque entrevue, quand il m'apportait le bulletin de sa santé, je le trouvais souriant et plein d'ardeur, alors même que ses yeux, ne pouvaient pleinement s'ouvrir, sans trahir les lancées douloureuses de la névralgie. Rarement il a consenti à manquer une classe, ou à se jeter sur un lit, à l'infirmerie, objectant que la faiblesse présente tenait en partie à la croissance, que les maux de tête ne venaient pas d'un excès de travail, et qu'en classe il trouverait plus de distraction et même plus de soulagement qu'à l'infirmerie.

D'ailleurs, Louis avait à cœur de suivre régulièrement et vaillamment la formation littéraire à laquelle il pouvait prétendre. Dès les premières semaines, en lisant ses copies, en étudiant son acquit et ses aptitudes, je devinai de très belles facultés, moins brillantes que sages et équilibrées, mais de nature à profiter d'une culture littéraire et à s'éprendre d'ardeur pour arriver à des productions originales et distinguées. Dès le début aussi, la *Très Sainte Vierge* et saint *Louis de Gonzague* (l'angélique patron de cet angélique enfant), nous servirent de trait-d'union ; et je ne puis attribuer qu'à une grâce de médiation toute spéciale venue de la Très Sainte Vierge, la confiance extraordinaire que Louis m'a témoignée et fidèlement gardée. Dès le début donc, j'ai déclaré à Louis qu'il ne savait pas manier la langue française, qu'il manquait de flexibilité et de souplesse dans son style, qu'il ne comprenait pas nettement les textes à traduire, et qu'il lui fallait, avec la grâce de la Très Sainte Vierge, conquérir la position de haute lutte, et par un travail intelligent et généreux, arriver aux progrès et même aux succès, Ad. M. D. G. et B. M. V. — A vrai dire, Louis a gagné tout cela, à travers les courageuses souffrances, qui jamais n'ont ralenti la vigueur et l'élan de sa première décision.

Ce qui caractérisa la vertu de Louis, au collège, c'est qu'il n'eût rien de la mollesse, des platitudes doucereuses ou inoffensives de certains élèves, réputés bons cependant ; il n'a rien eu surtout de ces susceptibilités, de ces subterfuges de l'amour-propre, qui cherchent leurs aises, en se soustrayant à toute direction énergique et ferme : il n'a rien eu de la vulgarité et de l'aberration de ceux qui restent concentrés dans leur dévotion et dans l'héroïsme d'un travail sans entrain et sans ambition. Grâce à la droiture, à la largeur de la direction que lui donnait son confesseur, on put précipiter Louis sur tous les appâts du succès, et lui faire vouloir les consolations légitimes du talent, et même, autant que possible, de la supériorité. Jamais, peut-être, élève ne fit autant de progrès en un an, et ne se prêta comme lui à tous les exercices les moins attrayants. Devoirs à recommencer et à retravailler sur indications sommaires ; mise en pratique immédiate de tous les conseils qu'il acceptait avec reconnaissance ; rien ne lui semblait trop dur. Quoiqu'il eut pour concurrents des élèves de talent, Louis, à la fin de l'année, était un des deux plus forts en français.

Il y aurait bien des choses à ajouter sur le courage de Louis et sur sa fidélité aux recommandations de ses maîtres, pour apprendre l'histoire, immense nomenclature de dates qui pèsent surtout sur la mémoire, et faisaient beaucoup souffrir sa tête, sur la générosité avec laquelle il se prêtait à apprendre et à répéter, pendant des heures, les longs rôles de ses séances académiques. Plusieurs ont dit n'avoir jamais entendu aussi bien lire les devoirs. De fait, l'attitude de Louis, son débit très digne, son art à exprimer les nuances, dépassaient de beaucoup ce que l'on trouve habituellement dans les élèves. En rhétorique on a été également ravi de la manière dont Louis débita une pièce de vers finale, dans la séance d'Académie en 1880.

Le jour de la saint Louis de Gonzague, son professeur donna à Louis une image, souvenir de fête ; c'était à la sacristie du nouveau collège. En remerciant, Louis attacha sur le père son beau et limpide regard et dit avec épanouissement : « Je n'ai pas « choisi saint Louis de Gonzague préférablement « à tout autre saint Louis ; mais je suis heureux de « l'avoir parce que c'est un saint Jésuite. » En effet, saint Louis de Gonzague, unissant le travail aux souffrances de tête, était un de ses grands stimulants.

Quand les efforts de Louis échouaient, quand les devoirs importants étaient manqués, surtout quand les places étaient mauvaises (c'est son plus bel éloge), alors commençaient les neuvaines à la Très Sainte Vierge. Jamais cependant, quoiqu'il fut attristé jusqu'aux larmes, jamais il n'a consenti à faire porter ses compositions manquées pour cause de maladie ou de douleurs physiques, au compte de leur cause réelle. Toutes les compositions qu'il a essayées, présent en classe, ont eu leurs places numériques, et Louis n'a jamais été inscrit comme absent ou non composant, alors même qu'une place moyenne eût été légitime. Après le départ de ses maîtres, Louis continuait à leur écrire. Toutes ses lettres ne sont (à travers les nouvelles courantes), qu'une effusion de fidèle confiance à la Très Sainte Vierge, qu'une assurance de communauté de prières, de dévoûment à sa gloire, renouvelée chaque jour à ses pieds. En bien des lignes, sa vocation se laissait apercevoir et s'annonçait. La pureté du cœur aussi grande que possible était l'attrait de son âme. —

« Manifestement c'était l'attrait de la grâce en lui, dès 1878..... »

Vrai modèle d'application, Louis était l'ange béni du collège. Cette grâce, ce cœur simple. Comment ne pas les chérir ? Comment ne pas aimer cet air de raison, de politesse et de bonté ? Cœur sensible, âme droite, il ne connut jamais la dissimulation, ni le mensonge ; sa jeunesse radieuse d'innocence et de piété, était relevée par la distinction des traits et le mérite du savoir acquis ; il suffisait de l'avoir vu, de l'avoir entendu, pour en conserver la meilleure impression et lui présager un brillant avenir. Il édifia constamment ses condisciples, dès son entrée au collège. Il observait le règlement jusque dans ses moindres détails. Ses maîtres, si attentifs, n'ont jamais noté dans sa conduite, la plus légère infraction aux sages ordonnances qui assurent le développement régulier des consciences, le succès des études, forment à la piété et préparent des hommes dévoués à l'Église, à la Patrie. Aussi quelle estime, quelle vénération affectueuse inspirait à ses condisciples ce jeune homme aimable et distingué! C'était l'idéal du préfet de congrégation : quelles bontés, quelles prévenances il avait pour ses camarades ! Il leur parlait avec douceur, et toujours il réussissait à calmer les plus exaltés, à dompter les plus farouches. Par obéissance plutôt que par goût, il se mêlait à leurs jeux ; et sa délicatesse, son tact exquis, l'ascendant que lui donnait sa vertu, empêchaient bien des contestations. Toujours humble, toujours modeste, il évite les plus légers froissements. On le voit aussi heureux de se démettre d'une charge, à la suite d'une élection faite un peu précipitamment par les congréganistes, qu'il l'avait été de l'accepter, pour la gloire de la Très Sainte Vierge, le bien de son âme et l'édification de ses condisciples. Celui qu'il appelait son bien-aimé supérieur n'oubliera jamais tant de candeur et d'humilité : « Cet enfant, nous disait-il en racontant cet incident, cet enfant avait déjà une vertu consommée. »

Louis se posait souvent cette question aux pieds de Marie, ou prosterné devant le Très Saint-Sacrement. Que dois-je être pour être digne de la place que j'occupe dans la congrégation ? et il répondait : Je dois être lumière, colonne et parfum — lumière, pour éclairer mes condisciples et les mettre dans la bonne voie, — colonne, pour qu'ils s'appuient sur moi et ne tombent pas, — parfum, pour les attirer et leur faire comprendre que la vertu est un baume plein de suavité : « Seigneur, continue-t-il dans ses petites notes, Seigneur, jusqu'ici, je n'ai été ni lumière, ni colonne, ni parfum ; je ne le suis pas encore, mais si vous aidez votre serviteur, il deviendra tout cela pour votre plus grande gloire. »

Voilà ce jeune homme qui notait encore : J'estime véritablement pieux ceux qui ont de grands sentiments de la sagesse de Dieu, et qui ont de l'ardeur pour faire du bien, se conformant à sa volonté au-

tant qu'il est en leur pouvoir. Être pieux, c'est faire toujours un pas en avant vers la perfection. Il n'y a point de piété où il n'y a point de charité et sans être officieux et bienfaisant, on ne saurait faire voir une dévotion solide.... Aussi, jamais prix de sagesse, jamais élection de Préfet, n'ont rencontré plus d'unanimité et de déférence. Mais encore une fois, la vertu de Louis avait un cachet de renoncement, sans fadeur, sans ostentation : « Tant que je l'ai eu au
« collège, dit un Père, il a été un modèle de travail,
« un modèle de virile persévérance, de volonté fondée
« sur la foi, mais s'aidant de toute l'ardeur naturelle,
« dans la poursuite du succès, et aussi plein d'aban-
« don qu'irréprochable et complaisant dans ses rap-
« ports avec les autres élèves. Aussi, lorsque Louis
« a été refusé au baccalauréat de philosophie, pour
« l'oral et pour les détails de chimie, ses condisciples
« plus heureux m'ont écrit, et sans s'être concertés,
« qu'ils étaient consternés de l'échec de leur CHEF.
« Louis faisait leur gloire, ils ne s'en cachaient pas ;
« l'un d'eux ne comparait qu'avec confusion et re-
« gret son propre succès à l'ajournement de celui
« qui était l'*antesignanus* et le modèle de la classe.
« L'explosion de ces regrets, il y a un an, m'a vive-
« ment touché..... et maintenant que n'y aurait-il
« pas à dire du service et du concours apostolique
« de Louis.....

« Plusieurs fois son Directeur lui conseilla des
« bandes de promenade, des relations avec des

« élèves qu'il devait gagner à la piété et soutenir
« dans la vertu..... Ce ministère était pris si au sé-
« rieux que Louis continuait *chaque fois* et exécutait
« tout un plan de campagne, dont il rapportait les
« incidents ou les résultats. »

Est-il besoin de dire la docilité de Louis ? Sa profonde vénération, sa vive gratitude pour ses maîtres, dont il nous écrivait : *Colendissimi præceptores*..... et son dévouement pour eux, entièrement en raison même des persécutions odieuses qu'ils enduraient sous ses regards attristés.

Une parole, un signe de leur part était un ordre pour Louis : il les vénérait comme les représentants de Dieu auprès de lui, et voyait en eux ses guides, ses modèles. Il s'abandonnait entièrement à leur haute direction, n'agissait que par leurs inspirations toujours si sages, si précieuses pour l'âme et le cœur des jeunes gens.

Jean Berckmans se répétait souvent à lui-même : « Plus tu chériras ton institut, plus tu feras de progrès. » Sans doute Louis n'était pas encore membre de la Compagnie de Jésus, il n'avait pas encore embrassé cette vocation élevée qui a fait tant de saints illustres : mais par son seul titre d'élève, il se croyait tenu à l'estime et à l'amour de cette glorieuse Compagnie. Aussi quels progrès rapides il fit dans la vertu comme dans la science ! Quelle perfection progressive dans sa conduite de tous les jours ! Quels succès vinrent couronner ses études !.....

La grâce le prévint toujours de ses plus abondantes et de ses plus douces effusions...., ses maîtres redoublaient de sollicitude à son endroit, avaient pour lui une tendresse vraiment paternelle, dont il ne pouvait, disait-il, leur témoigner assez son inaltérable reconnaissance.... Aussi quand vinrent les jours mauvais, quand on exécuta brutalement les décrets que l'histoire stigmatisera, Louis souffrait de toutes les persécutions que l'on déchaîna contre ses maîtres bienaimés et contre les autres congrégations religieuses. On eût dit qu'il luttait déjà *pro aris et focis*.

« Unis-toi, écrit-il à sa chère sœur, unis-toi aux
« prières que nous faisons à Notre-Dame de Bou-
« logne, afin qu'elle conserve notre collège, et le
« préserve de tout malheur. Sommes-nous arrivés
« au temps des calamités prédites dans l'Apocalypse?
« Je serais porté à le croire à la vue de telle scène de
« sauvagerie et de férocité. Oui, de férocité! Car
« n'est-ce pas féroce d'expulser un P. Rédempto-
« riste, vieillard de quatre-vingts ans, cloué au lit
« par une fluxion de poitrine? C'est pourtant ce
« qu'on a fait à Boulogne, jeudi dernier, en plein
« jour, sous les yeux de la police, avec l'ordre
« et le concours de la police qui elle-même a brisé
« la clôture du monastère. Ceci me révolte au
« dernier point : te dire mon indignation est im-
« possible... »

Il faudrait citer toute cette lettre où Louis bénit un magistrat noblement démissionnaire, qui proteste, avec énergie, contre des injustices si révoltantes. Et on le vit, au prix de mille fatigues, une tristesse mortelle dans le cœur, suivre ses chers maîtres persécutés, cherchant une retraite à Lille, dans cette ville où la charité est inépuisable.

L'élève studieux, docile, dévoué à ses maîtres n'était que plus affectueux envers ses parents bienaimés. — Au milieu de ses occupations sérieuses et continues, il leur écrivait : Je voudrais pouvoir vous offrir de vive voix les sentiments que je ne pourrai exprimer qu'imparfaitement sur le papier, mais si la distance nous sépare, croyez que mon imagination se transporte souvent à Guemps et que toujours mon cœur est auprès de vous. C'est lui qui aujourd'hui s'empresse, à l'occasion du renouvellement de l'année, d'offrir les meilleurs souhaits à des parents chéris, des souhaits de bonheur. En formulant ce vœu, je sais que je le fais aussi pour moi-même. Car vous ne pouvez être heureux que du bonheur de vos enfants. Puissé-je donc, pour couronner cette année, obtenir le palme de bachelier, vous procurer quelques consolations en vous l'offrant, et vous dédommager ainsi autant qu'il est en mon pouvoir, des sacrifices dont je suis la cause pour vous..... Je vous parle du cœur et vous saurez qu'après le sentiment du devoir, celui qui me porte le plus au travail, c'est l'amour que je vous porte et le désir de vous satisfaire...... Ainsi l'unique bonheur de Louis était de déposer ses palmes aux mains de ses parents chéris, comme de leur apprendre le glorieux résultat de ses examens. Pour lui, il remerciait Dieu de lui procurer un moyen plus efficace de travailler à sa gloire.

CHAPITRE CINQUIÈME

LA VOCATION

Dernièrement la fille d'un ancien ministre prenait le voile aux Carmélites : un journaliste écrivait à l'occasion de cette cérémonie : « La folie de la croix fait chaque jour de nouveaux prosélytes ; jamais les vocations religieuses ne se sont autant qu'aujourd'hui multipliées ; jamais les communautés, soit qu'elles se consacrent à la prière et à la pénitence, soit qu'elles aient pour but le soulagement des pauvres, n'ont été plus peuplées, et c'est un étrange spectacle que celui de cette protestation solennelle qui s'élève sous une forme inattendue, en faveur de la liberté de conscience, menacée et traquée, comme si elle n'était pas le plus précieux de nos biens, le plus imprescriptible de nos droits. » Louis ira-t-il augmenter le nombre de ces admirables prosélytes ?

Embrassera-t-il la folie de la croix ? C'est là depuis longtemps une de ses plus sérieuses préoccupations. Il cherche, il hésite, il prie : « Trois saints, écrit-il, me tendent les bras, saint Acheul, saint Sulpice, saint Cyr. Je ne sais de quel côté me diriger. Priez toujours beaucoup pour moi. »

Dans ses perplexités, il demande des conseils, des lumières, il veut avant tout savoir ce qu'est la vocation pour le chrétien. La vocation, lisons-nous dans ses notes, est, comme le mot l'indique, un appel de Dieu, appel intérieur, qui nous attire vers telle carrière plutôt que vers telle autre : C'est une disposition de la Providence qui dit à chacun le chemin qu'il doit parcourir dans le monde, lui procure les dons naturels et surnaturels pour y arriver, et lui prépare les secours et les grâces nécessaires pour parcourir cette carrière. »

Et nous lisons dans son carnet : « Dieu trace aux
« hommes leur voie. *Cor hominis disponit viam suam:*
« *Sed domini est dirigere gressus ejus (Prov.,* XVI, 9).
« Le cœur de l'homme prépare sa voie, mais c'est
« au Seigneur à conduire ses pas.

« *A Domino diriguntur gressus viri: quis autem*
« *hominum intelligere potest animam suam?* (XX, v. 24).
« C'est le Seigneur qui dirige les pas de l'homme, et
« qui est l'homme qui puisse comprendre la voie par
« laquelle il marche ?...» Puis il note ce conseil pratique : « Chaque fois que vous aurez à prendre une
« décision, que vous voudrez voir clair dans une

« affaire importante, ou jeter quelque lumière sur
« un point de doctrine, sur quelque difficulté, com-
« mencez par mettre votre conscience en bon état,
« vous serez d'autant plus éclairé que votre cons-
« cience sera plus pure. Notre conscience est comme
« un cristal ; s'il est souillé, il arrête les rayons du
« soleil ; s'il est parfaitement pur, les rayons du so-
« leil arrivent à nous, comme s'ils n'avaient aucun
« obstacle à traverser. Ainsi, si votre conscience est
« bien nette, la lumière divine, — car c'est la lumière
« divine seule qu'il faut attendre dans ces circons-
« tances, — arrivera tout entière en vous, sans rien
« perdre de son éclat et éclairera toutes les obscu-
« rités. » Docile à ce conseil, Louis s'enfonce dans la
retraite, pour y purifier de plus en plus sa conscience. Il choisit le mois de mai, afin de mieux entendre la voix du Seigneur, par l'intercession spéciale
de Celle qu'il appelle sa Très Sainte Mère. Tout
entier à la grande affaire qui l'occupe, il médite, il
prie. Il dit avec le Psalmiste : « Seigneur, faites-moi
connaître la voie que je dois suivre. J'ai élevé mon
âme vers vous. Enseignez-moi à faire votre volonté,
parce que vous êtes mon Dieu. » Il se rappelle, écrit-il,
les quelques instants où le monde voulut l'attirer
à lui. Mais il ne s'était point laissé prendre à ses
appâts, qui ne lui inspiraient que du dégoût,
comme il nous le déclarait le soir même d'un jour
de fête.

Pendant la retraite, la vertu angélique le ravit :

« Le lis, est-il consigné dans ses notes, le lis est
« l'emblême de la chasteté parfaite, et cet emblême
« est bien choisi. Il suffit d'un souffle pour dépouil-
« ler de toute leur beauté les filets d'or, qui s'élèvent
« au milieu des lis. Un souffle aussi du démon impur
« ternit une âme. Voyez comme le lis se fane vite ;
« il en est ainsi de la pureté. Quand la moindre pe-
« tite plaie est faite à une de ses blanches feuilles,
« elle s'étend toujours, ronge sa corolle qui périt et
« disparaît ; ainsi disparaît la pureté, quand on
« néglige les petites atteintes à cette vertu. » Et il
redit souvent : *Loquere, Domine, quia audit servus
tuus* (I. R., III, v. 10).

*Vias tuas, Domine, demonstra mihi et semitas tuas
edoce me* (Ps. XXIV, v.).

Deduc me in viâ tuâ et ingrediar in veritate tua
(Ps. LXXV, v. 11).

C'est dans ses notes que nous trouvons ces saintes
aspirations. Il médite aussi sur la fragilité de la vie,
la certitude de la mort. On ne meurt qu'une fois,
écrit-il après saint Paul. *Statutum est hominibus
semel mori*. Enfin, en un dernier jour de retraite,
jour de ferveur, sous l'inspiration de la grâce céleste,
en présence des sacrés tabernacles, agenouillé devant le divin sauveur perpétuellement immolé sur
l'autel, il lui envoie du fond de son cœur, cette in-
terrogation, cette prière pressante : « Bon maître,
« que ferai-je ? Que devrai-je faire pour obtenir la
« vie éternelle ? » Et le divin maître lui a répondu

comme au jeune homme, dont parle l'Évangéliste :
« Venez, suivez-moi ». Et Louis, dans un transport
d'amour, s'écrie : « Seigneur, me voici, parce que
« vous m'avez appelé. » C'en est fait, par Marie il est
consacré au service de Dieu ; l'immolation est complète, irrévocable. Il répète, comme nous le constatons dans ses notes : *Beati qui scrutantur testimonia ejus : in toto corde exquirunt eum* (Ps. CXVIII, v. 2).
Heureux ceux qui s'efforcent de pénétrer les ordonnances du Seigneur, et qui le cherchent de tout leur cœur. Oui, la voie dans laquelle on doit marcher, c'est la loi même du Seigneur. Il n'y a que cette voie où l'on peut espérer d'être sans tâche ; toute autre voie, quelqu'agréable qu'elle soit à l'homme, ne peut jamais le rendre pur.

Il m'apprenait alors, dit un Père, le résultat prévu de ses prières, de ses réflexions, de son élection décisive. Sa lettre était pleine de reconnaissance envers Notre-Seigneur ; mais elle était simple et calme, pas d'exaltation, pas d'exclamation ; très-positivement il me déclarait que sa décision était irrévocablement prise ; il me félicitait d'être déjà et depuis si longtemps couvert du saint habit qu'il aspirait à porter. Le monde essaya de susciter des obstacles, de faire naître des difficultés sur la voie ouverte par Dieu. L'expulsion et l'inaction forcée des Jésuites atteints par les décrets, semblaient devoir arrêter Louis. Mais il se rappelle ce qu'il a écrit dans son carnet : « Mépriser l'appel de Dieu, c'est mépriser sa vo-

« lonté, c'est se rendre malheureux pour toujours,
« car, il ne nous accordera pas les grâces qu'il nous
« aurait données dans l'état où il nous appelait. Mon
« Dieu, s'écriait-il, je veux vous obéir, faites entendre
« votre voix, donnez enfin une réponse à ma prière :
« car je ne sais quelle route prendre, si vous ne
« me l'indiquez. Si je fais fausse route, le précipice,
« c'est-à-dire l'enfer pourrait bien en être le terme.
« Ma bonne mère, Marie, j'implore aussi vos lu-
« mières. Vous savez que je suis prêt à tous les
« sacrifices. Rendez-moi évidente la volonté de Dieu
« et je la suivrai sans restriction. »

Dieu avait parlé, Marie avait intercédé. Louis l'avait écrit : « Je veux être un homme de caractère.
« Pas d'indécision. Que Dieu me donne une volonté
« vraie, forte et suivie, allant au but avec patience et
« courage, malgré les épreuves, les dangers, les
« artifices, les passions, mais qu'il m'accorde une
« force, une fermeté uniquement mise au service
« du vrai et du bien. » Aussi pas d'hésitation. Rien ne l'arrête, ni les larmes de ses proches, ni les préjugés du monde. Citons plutôt une lettre qui montrera les admirables dispositions dans lesquelles il était :

« Ma petite maman,

« J'étais bien peiné de vous voir pleurer le jour où je quittai Guemps en soutane. Quelle était donc la cause de vos larmes ? Pensez-vous que vous me perdiez parce que j'entrais dans la voie qui conduit au sacerdoce? Oh! non! je vous sais trop chrétienne pour qu'une telle pensée entrât dans votre âme! Etait-ce la crainte de ne plus m'avoir auprès de vous? Mais c'est bien dans la carrière ecclésiastique que vous pourrez jouir de moi. Il est vrai qu'il me faut encore cinq ans d'études préparatoires : mais le même nombre d'années n'est-il pas exigé pour toute autre carrière libérale? Oui, n'est-ce pas ? Vouliez-vous me voir plus heureux ? Mais où serais-je plus heureux que je ne le suis dans mon état de vie? Certainement il n'y a pas le plaisir des sens; mais est-ce là que se trouve le bonheur? Non, car il trouble l'esprit et le cœur, et ne laisse plus de repos. Ici, pas de trouble, pas d'ambition pour acquérir un poste honorifique ou lucratif, pour amasser des richesses par tous les moyens possibles. Le plus grand bonheur, c'est quand on peut faire un sacrifice, donner à un pauvre, secourir la misère, faire le bien à quelque créature.

« Quel fruit recueilleras-tu de tout cela, me direz-vous? Je gagnerai, j'espère, la vie éternelle et cela me suffit. Que sert à l'homme de gagner l'univers, s'il vient à perdre son âme ? Je crains maintenant le jugement de Dieu pour avoir moins à le craindre plus tard : Je crains un enfer, car j'y crois, et il est absurde, celui qui ne croit pas à l'enfer. Je crains la justice de Dieu, car je crois que Dieu est juste en même temps que bon, et que, en vertu de sa justice, il s'oblige à récompenser les bons et à punir les méchants.

« C'est pourquoi, pour être bon, je m'efforce de suivre le chemin le plus sûr. Ce n'est pas à dire qu'on ne puisse pas faire son salut dans une autre voie, mais avec quelles difficultés ! Et combien ne font-ils pas naufrage en route ? Combien ne se laissent-ils pas entraîner par la sensualité, l'orgueil, l'ambition ? En tout cela, il faut donc suivre la voie de Dieu : Or Dieu m'a appelé au sacerdoce, je l'ai entendu m'appeler, comme l'entend quiconque veut écouter ! Et je marche le front haut et fier de ma vocation. Celui qui trouverait qu'il y a là de quoi rougir, celui-là est un impie, et vous pouvez dire à priori qu'il s'adonne aux plaisirs des sens, ou à l'orgueil, ou à l'ambition, ou à l'avarice, et qu'il est cent fois plus esclave que celui qui se fait esclave volontaire de son devoir et de la saine doctrine. Et désormais, quand autour de vous, vous entendrez dire que j'ai sacrifié un avenir qui pouvait être brillant, levez les épaules et dites leur qu'ils ne savent ce qu'ils disent. »

Quelques jours plus tard le jeune lévite écrivait encore à ses chers parents : « Vous partagerez ma joie, j'en suis sûr, quand vous saurez que personne n'est plus heureux que moi sous le nouvel habit que je porte. Les livrées du Seigneur indiquent que je me suis donné à lui, et Il m'en récompense du reste par toutes sortes de bénédictions intérieures, par cette paix de l'âme, cette tranquillité qui contribue si puissamment au bonheur. »

Cette lettre dit assez les saintes et divines dispositions de Louis : tout commentaire serait superflu. Tout est décidé, sa résolution sera inébranlable en Dieu.

CHAPITRE SIXIÈME

LE SURVEILLANT. — SA PIÉTÉ. — SES MOYENS DE FORMER LES JEUNES GENS A LA VERTU. — SA VIE INTIME

Le jeune lévite ne met plus de bornes à son dévoûment. Sa philosophie terminée, il accepte de partager les rudes travaux de ses maîtres et il revient exercer les fonctions de surveillant là où deux mois auparavant il était élève. Ah, c'est ici que malgré sa modestie et l'oubli de lui-même, vont briller quelques rayons de sa belle et sainte âme.

Qui dira son amour de la sainte Eucharistie? Je crois, écrit un de ses anciens compagnons, que si je vivais mille ans, je ne pourrais oublier son visage après la sainte communion. Trois fois, la semaine, je le remplaçais à l'étude du matin, pour lui permettre d'aller communier, et *chaque fois*, j'ai constaté le même fait. Il portait sur son visage, en rentrant à l'étude, quelque chose de plus que du recueillement. Il semblait rayonner de recueillement, de paix, d'union intime avec le divin maître. Je ne sais si mon expression est bien française, mais elle exprime ma pensée.

Je ne pouvais m'empêcher de le regarder, quand il rentrait à l'étude ; et son cher patron, saint Louis de Gonzague, se présentait comme naturellement à mon esprit. A la sainte messe ou au salut, où la surveillance, qu'il exerçait d'une manière très-active, devait le distraire beaucoup, ce même recueillement paraissait toujours : il surveillait, mais il surveillait sous les yeux du Bon maître.

Avec quel soin il préparait ses méditations. Il se servait de l'ouvrage du P. Dupont. Jamais il ne manquait d'en écrire les points la veille au soir, et pour les bien faire, en étude, il y mettait presque de la contention. Son gros chagrin était de ne pouvoir s'entretenir plus intimement avec Notre-Seigneur, mais il disait en souriant : « Puisque le bon Dieu
« me veut en étude, je suis content de le servir là.
« Que de fois, dans la conversation, il revenait sur
« ses chères méditations ! Il n'avait rien tant à cœur !

« Il faisait son examen particulier d'après la mé-
« thode de saint Ignace, et avait son carnet d'exa-
« men. Celui de midi, qu'il devait faire à l'étude lui
« était parfois très-pénible, à cause de la surveillance,
« et il en était fort peiné, plusieurs fois dans la con-
« versation, il m'exprima cette peine.

« Sa dévotion au Sacré-Cœur était aussi tendre,
« aussi forte que celle qu'il avait pour la sainte Eu-
« charistie. J'ai peu à dire sur ce qui le regardait
« personnellement, parce que il ne parlait jamais de
« lui ; mais s'il est vrai de dire que l'amour se prouve
« par les œuvres, ne suffit-il pas de rapporter tout
« le soin avec lequel ce cher ami se plut à inspirer
« aux enfants l'amour du Sacré-Cœur ? Pendant le
« mois de juin, il enrégimenta sa division sous la
« bannière du Sacré-Cœur, il fit imprimer des pe-
« tites feuilles semblables à celles de l'apostolat de
« la prière ; chacun en recevait une, au commen-
« cement de la semaine et devait y marquer ses
« offrandes et ses efforts.

« L'absence de nom engageait à agir pour le seul
« amour du Divin maître, et l'on sait à quels chiffres
« fabuleux on arriva : au jour de la petite fête d'é-
« tude, c'était environ le 20 juin, il n'y avait pas
« moins de vingt-cinq mille *Ave Maria* offerts, sans
« compter les heures de travail et de silence, les
« jeux, les récréations, etc., etc.

« Chaque matin, après la prière, on récitait l'of-
« frande de l'apostolat de la prière : O Jésus, je
« vous offre par le cœur immaculé de Marie, etc.
« Puis il faisait lire le mois du Sacré-Cœur de
« Monseigneur de Ségur, dont il goûtait fort la
« tendre piété.

« Que de fois en récréation, il parlait de ses élèves
« et de leur mois du Sacré-Cœur ! Tous se rappel-

« lent encore la belle fête d'étude, où il fit l'ordre du
« jour de son régiment. Avec quel entrain ces chers
« enfants chantèrent :

> Ah ! Ah ! Ah ! oui, vraiment.
> Il combat bien not'régiment !

« Tout naturellement celui qui va à Jésus, trouve
« aussi Marie, son incomparable Mère, et ici encore,
« pour notre cher Louis, les faits sont plus nom-
« breux que les paroles. Avec quelle piété il récitait
« son chapelet : Dans les rangs, à l'étude, au dor-
« toir, quand il ne travaillait pas, il avait son cha-
« pelet à la main.
« Il faudrait redire du mois de Marie, ce que j'ai
« dit du mois du Sacré-Cœur. Quel désir ardent il
« avait de faire aimer la Très Sainte Vierge ! Com-
« ment exciter la dévotion des enfants, c'était sa
« grande préoccupation ! Le matin, il leur faisait
« lire le mois de Marie de Monseigneur de Ségur,
« dont la piété filiale envers la bonne Mère du Ciel,
« disait tout à son cœur. Sans cesse il cherchait à
« embellir le mois de Marie ; il avait mis aux pieds
« de Notre-Dame, deux écussons sur lesquels, cha-
« que semaine, il affichait les quatre A et les primes
« roses ! Il encourageait l'un, il faisait des repro-
« ches à l'autre pour arriver à inscrire un plus grand
« nombre de noms.
« Pour lui, il était grand dévôt à Marie ; tout en

« lui inspirait cette dévotion, mais cette dévotion
« était comme une belle fleur cachée, si je puis
« parler ainsi, qui se contentait d'embaumer de son
« parfum, sans laisser voir sa corolle.

« Je sais qu'il faisait tous les jours du mois de
« Marie, sa méditation sur la Sainte Vierge, et tous
« les samedis de l'année également. Voici un petit
« trait qui laissa voir son amour.

« On se souvient de la petite chansonnette inti-
« tulée :

LE CHEVALIER DE MARIE

« Cette idée lui plut très fort, et ce fut surtout le
« dernier couplet qui lui fit plaisir :

> Le soir vient clore ma journée,
> Puissé-je en allant au repos.
> Dire : La bataille est gagnée,
> J'ai combattu comme un héros !
> Un jour, ainsi, souvent j'y pense,
> Je cesserai de batailler !
> Ah ! la mort c'est la récompense,
> Quand on est votre chevalier !

« Il me fit répéter ce couplet ; son visage prit je ne
« sais quelle expression de sainte joie, je dirai volon-
« tiers d'enthousiasme, et il me dit : J'aime bien cela :

> Oui, la mort c'est la récompense.
> Quand on est votre chevalier !

« Je vois encore la physionomie de son visage
« quand il redit ces deux vers, je ne pus, sur le mo-
« ment, écarter une espèce de pressentiment, une
« sorte de crainte : Il avait l'air de tant souhaiter la
« douce récompense du chevalier de Marie ! Pourvu,
« me disais-je, que l'heure de la victoire ne sonne
« pas trop tôt pour lui ! »

Pour sa dévotion à saint Joseph, ce serait le cas de prendre la méthode de certains auteurs qui pour faire juger du maître parlent de la science des élèves.

Je ne puis oublier l'élan que ce cher ami fit naître chez les enfants pendant le mois de saint Joseph. Deux ou trois EI, peu de primes blanches, peu de primes roses, tant il y avait de quatre A, et de quatre A généreusement mérités. Les deux écussons mis aux pieds de saint Joseph n'y avaient pas peu contribué. Ce ne fut pas tout, saint Joseph a trop de relations avec les petites sœurs ; on ne pouvait oublier les bons vieux : aussi une corbeille fut-elle placée devant la statue, invitant les plus généreux à donner quelque offrande pour réjouir les vieillards de l'asile.

Ces offrandes, fruits d'un pieux sacrifice, furent abondantes ; tous les jours je voyais au réfectoire, avec bonheur et admiration, ces chers enfants se priver de presque tout leur dessert ; d'autres s'associaient sous le nom de congrégation de Saint-Joseph et apportaient de fortes sommes d'argent, pour orner l'autel ou pour fêter les bons vieux ; d'autres se privaient de leur chocolat de semaine.

Un soir, monsieur Mormentyn s'aperçoit d'un certain mouvement à l'étude, et, à son grand étonnement, voit ses enfants se lever, les uns après les autres, et venir offrir un paquet de chocolat à saint Joseph, pour les bons vieux des petites sœurs ; et les enfants, de jouir de l'étonnement et de la joie de leur bon surveillant.

Monseigneur de Ségur avec sa douce et naïve piété envers le saint Patriarche fut choisi comme lecture spirituelle, et chaque jour, à la prière on ajouta le *virginum custos*.

« Venons maintenant à ce qui faisait comme la
« note dominante de ce beau caractère, le ressort et
« la vie de toutes ses actions ; il fut surtout, en tout
« et toujours, l'homme du Devoir, l'homme de la
« consigne. A ses yeux, nous l'avons vu déjà, le
« devoir passait avant tout ; jamais le caprice n'eut
« de part dans ses déterminations. Il agissait parce
« que l'obéissance lui avait dit de réussir. Jamais, je
« ne l'ai entendu faire la moindre réflexion, dire la
« plus petite parole, qui eût pu être interprêtée
« comme contraire à la plus parfaite obéissance.
« Il sentait, il était profondément convaincu que
« dans l'obéissance se trouve la force, que là est le
« moyen suprême de réussir dans les choses de
« Dieu. Quand ses supérieurs lui avaient dit quelque
« chose, il n'en démordait pas, et il me disait

« en souriant : Comme on se sent fort quand on
« obéit ! Je ne vois pas trop comment réussir ; mais
« c'est ordonné, donc ça se fera. Et dans bien des
« circonstances, il parla de la sorte. Souvent discu-
« tant ensemble sur tel ou tel moyen à prendre,
« nous restions indécis ; le grand recours alors était
« d'aller exposer la chose à qui de droit, et mon-
« sieur Mormentyn ne manquait pas de dire : Oh !
« que l'obéissance est douce et commode ; en obéis-
« sant, on agit par la force du bon Dieu lui-
« même. »

Aussi, quelle force, quelle sainte tenacité on trouvait en lui. Un ordre une fois donné devait nécessairement être exécuté ; ses enfants le savaient bien, mais ils étaient contents d'obéir, parce qu'il avait su leur faire aimer l'obéissance. Je lui parlais une fois d'une causerie où, nous entretenant de la division et de la discipline, nous disions que dans le commandement il fallait imiter le vieux sergent, donnant des ordres nets, nettement obéis ! Il savoura cette parole et y revint plusieurs fois. C'était son idéal.

Quel ascendant, il avait acquis par là sur les enfants ! Quand on pouvait dire : Monsieur Mormentyn l'a dit, toutes les objections tombaient ; on ne s'avisait guère de répliquer, en vain l'un ou l'autre essayait-il quelque argument d'écolier, il avait commandé par devoir ! Jamais il ne revint sur un ordre, encore moins entama-t-il une discussion, le silence complet de sa part montrait à l'enfant qu'il avait pesé les raisons et que rien ne l'ébranlerait.

Les enfants le regardaient comme l'homme du devoir. Le jour où il arriva, ils dirent : « Il va relever la division ; peu après ils purent dirent il l'a relevée. » Un élève disait à un de ces Messieurs : « Monsieur Mormentyn est le seul homme capable de nous faire bien marcher. »

Avant de continuer le récit, on nous pardonnera de reproduire ici trois témoignages bien consolants qui montreront les résultats magnifiques obtenus par le surveillant. Le lendemain de la mort de monsieur Mormentyn, son bien-aimé supérieur nous écrivait : « J'espérais revoir le cher enfant qui a été si longtemps comme élève et comme maître l'édification de Notre-Dame. Jamais je n'ai vu de plus près combien la piété est utile à tout. Sa science si douce, si éclairée suppléait merveilleusement à l'expérience. Dans un âge où les autres achèvent à peine leurs études, nous avions pu lui confier un des postes les plus délicats d'une maison d'éducation. Il l'a rempli avec une délicatesse, une douceur, une fermeté, qui nous auraient paru inexplicables, si nous n'avions su qu'il puisait naturellement ces vertus dans un cœur tout plein de N.-S. J.-C. »

Un Père qu'il chérissait entre tous nous écrivait aussi : « L'action de notre cher Louis ici, dure encore. Élèves et surveillants subissent encore cette douce influence ; et quand on a dit : « Monsieur

Mormentyn faisait ainsi. La chose est acceptée sans discussion. Puisqu'au Ciel on n'oublie pas ses amis, j'aime à lui demander son secours. »

Et dans le Bulletin de l'association des anciens élèves, on lit : « Tel était l'ascendant qu'il avait depuis longtemps conquis par sa vertu, qu'il n'eut pas de peine à obtenir le respect et l'obéissance. Chargé d'abord des externes, puis de la deuxième division des pensionnaires, il sut avec son ami M. l'abbé H. d'A., si bien conduire ces enfants, que tous deux en firent une division modèle, digne des plus beaux temps d'autrefois. » Les enfants eux-mêmes en conviennent et le béinssent :

Citons à l'appui le compliment qu'ils lui adressèrent :

« Monsieur l'Abbé,

« A tous les dévouements la reconnaissance est dûe ; mais il en est auxquels le cœur, même le plus dur, ne saurait demeurer insensible : il est des dévouements qui, dans une société, si petite soit-elle, s'attirent invinciblement l'estime et l'affection de tous, sans exception.

« Nous nous connaissons un peu ; nous savons que la direction de la seconde division n'est point tâche facile. Vous le saviez comme nous, Monsieur l'Abbé, et cependant vous êtes venu à nous et nous vous avons vu à l'œuvre ; et la bonne réputation dont jouit la seconde division, grâce à son bon esprit et à ses bonnes notes est en partie votre œuvre.

« Permettez-nous donc aujourd'hui de dire un merci unanime et affectueux à votre inaltérable dévouement. Laissez-nous espérer le pardon de nos faiblesses d'hier et accepter pour demain nos promesses de fidélité constante à l'observation de nos règles.

« Daigne, saint Louis, votre glorieux patron, favorable à nos prières, se faire le gardien de nos résolutions et nous aider à lui ressembler comme plusieurs de nos aînés lui ressemblaient quand ils étaient à notre place. Nous aurions ainsi commencé à payer notre dette et notre bien-aimé surveillant n'aura pas à regretter ses souvenirs de seconde division. »

Reprenons le récit :

Ce caractère d'homme du devoir, il le gardait quand il était obligé de punir, ce qui lui coûtait très-fort. La punition du reste n'était pas très-considérable, mais elle tirait toute sa force de l'autorité elle-même.

Hors le temps où il devait punir, il était gai, joyeux et plein d'entrain avec ses enfants. Mais sa joie fut toujours très-digne, et dans tous ses rapports, soit avec nous, soit avec les élèves, il m'a fait bien souvent penser au : « Soyons distingués, du R. P. de Ravignan. » Il commandait le respect.

Vous parlerai-je de son étude ? Vous savez ce

qu'elle était. Il me disait parfois : « J'ai eu ce soir, un *silence effrayant.* » Ce résultat merveilleux, surtout si l'on considère le point de départ, il ne l'obtint pas à coup de punitions, mais par son zèle et son amour pour les enfants.

J'ai parlé des grands moyens que lui fournissait sa piété — il avait encore mille petites industries pour aider les enfants, cahier de correspondances avec le professeur, notes quotidiennes, etc., et Dieu sait avec quel zèle il s'astreignit à tous ces petits moyens. Autant il était ami de la discipline la plus exacte, autant il était indulgent et prudent dans ses jugements sur les enfants. Il réfléchissait souvent plusieurs semaines pour savoir comment traiter tel ou tel, suspendant son jugement tout ce temps-là, et préférant attribuer les fautes à la légèreté que de porter sur l'intention un jugement sévère. Pour tout dire, je dois ajouter que si la gaîté et l'entrain faisaient le fonds de son caractère, son état de santé, sans doute, lui donnait quelquefois des jours sombres, mais il s'en rendait compte et disait en souriant : « Aujourd'hui, je ne suis bon à rien, je vois les choses en noir, aussi je ne veux rien juger. »

Ici encore nous interromprons le récit, pour mettre sous les yeux du lecteur les dispositions intérieures de Louis au moment où il exerça la surveillance. Nous avons retrouvé dans ses notes, cette prière qu'il avait composée en l'honneur de saint Joseph : « Oh ! saint Joseph, patron de la sainte famille, protégez-moi, ainsi que toute cette petite famille qui m'est confiée, — faites que ces enfants soient purs et obéissants, qu'ils croissent chaque jour en sagesse et en grâce, comme ils croissent en âge, faites que leur maître soit ferme et doux, qu'il agisse toujours *ad majorem Dei gloriam*, et pour le plus grand bien de leurs âmes. Faites, ô homme vierge, que tous ces enfants soient pour moi des Jésus et que je sois pour eux un Joseph ! »

Quoi de plus touchant que cette prière ? Elle dit tout ce que devait être le surveillant.

« Parlerai-je, continue le Père, de ses conversa-
« tions ? Elles avaient le même cachet d'homme du
« devoir. Je ne me souviens pas de l'avoir jamais
« entendu parler pour parler. Il y avait dans ses
« conversations je ne sais quoi de sérieux et d'inté-
« ressant, ses études en faisaient le sujet ordinaire ;
« son grand désir était de faire de fortes études, et
« cela, parce que, disait-il souvent, la plus grande
« gloire de Dieu demande beaucoup de science chez
« le clergé. La lettre du SS. Père, recommandant de
« fortes études, l'avait vivement frappé. Littérature,
« sciences, arts, surtout l'archéologie l'intéressaient
« fort. Il se proposait pendant l'été d'étudier un
« peu cette branche, et d'en faire un sujet de con-
« versation pendant un certain temps des prome-
« nades ; et ici un petit trait qui révèle l'homme de
« l'obéissance. Il me communiqua ce projet et
« ajouta aussitôt : « Ce n'est qu'une idée, car je

« n'en ai pas encore parlé à mon confesseur, je ne
« puis pas commencer sans sa permission et son
« avis ! »

Est-il nécessaire de dire que ses conversations tournaient facilement au colloque spirituel ? Le sujet de sa méditation et la manière de la faire lui tenaient au cœur, souvent il y revenait ; son grand désir était de faire les exercices de saint Ignace, afin d'apprendre à méditer et à faire l'examen particulier.

Les missions le touchaient très-fort, celle du Zambèze en particulier. Une pièce de vers publiée sur ce sujet dans le *Messager du Sacré-Cœur* lui plut beaucoup, il m'en parla souvent et j'ai toujours pensé qu'il avait quelque idée de cette mission.

Sa vocation, il l'appréciait à sa juste valeur. Un jour il apprit que quelques anciens élèves, marchaient de travers ; il m'en parla les larmes aux yeux et ajouta : « Qu'il est difficile de se sauver dans le monde ! Comment pourrons-nous jamais remercier le bon Dieu de nous en avoir tirés ? »

Une autre fois, il me racontait qu'un bon Monsieur lui avait dit: « Tu ne devrais pas rester à Boulogne, tu n'avanceras pas ainsi. Quand on prend un état, il faut faire son chemin ! Va donc à Rome ! » La chose, comme de juste, le fit rire, et il reprit: « Au service du bon Dieu, moins on avance, plus on avance. »

Un pieux désir de posséder son Dieu plus parfaitement lui faisait souhaiter la mort, je vous ai dit l'impression que m'avait laissée la manière enthousiate dont il avait répété :

> Oui, la mort, c'est la récompense,
> Quand on est votre chevalier.

Dans plusieurs circonstances, il exprima le même sentiment. Un jour nous parlions du P. Wibaux qui venait de mourir. Oh ! qu'il est heureux, dit-il, et il ajouta : « Peut-être sera-ce bientôt mon tour ! »

Quand il commença à tousser il me dit avec un sourire : « Ça m'a bien l'air d'une maladie de poitrine, je n'ai peut-être plus longtemps à vivre ! » Bien des fois il me parla des avantages de la vie religieuse, comme formation, comme direction.

Pour me résumer, il me semble qu'on peut lui appliquer ces paroles que celui qui ne pêche point par la langue est parfait. J'ai beau chercher dans mes souvenirs, je ne trouve rien à redire sur ce point. Sa conversation fut toujours sérieuse, intéressante, instructive. On ne sentait jamais la recherche dans ses paroles, il disait ce qu'il savait, non pour paraître le savoir, mais parce qu'il y avait utilité à le dire.

Jamais je ne l'ai entendu parler de lui-même, il semblait s'être complètement oublié et montrait une grande adresse à détourner les conversations qui auraient pu tourner à sa louange.

S'agissait-il des autres, il était ardent à les louer.

Pas une seule fois, pendant tout l'an dernier, je ne l'ai entendu dire le moindre mot défavorable d'un seul de ses confrères. S'il ne pouvait toujours louer, il se taisait. S'il y avait lieu de louer, il en saisissait l'occasion avec un vrai bonheur.

La même charité il la montrait pour ses enfants, il était souvent peiné de les voir aller moins bien qu'il ne l'eût voulu, jamais il n'en fut irrité. Aussi il aimait ses enfants au dernier point. Quand il dût quitter la deuxième division, il m'avoua son gros chagrin. « C'est, disait-il, une rude épreuve, mais le bon Dieu le veut ! »

CHAPITRE SEPTIÈME

LA MALADIE. — LA MORT

Hélas ! le Ciel ne tarda pas à nous envier ce trésor. Louis n'était né que pour le Paradis. Et, comme l'a écrit un cœur compâtissant, il était trop saint pour la terre. Déjà, depuis plusieurs mois, il était secrètement atteint par un mal incurable autant que foudroyant. Vers la fin de l'hiver de 1881, à la suite d'un rhume, une toux sèche irritant la membrane des bronches, provoqua chez monsieur l'abbé Mormentyn une exhalation sanguine, qui devint de plus en plus fréquente, à tel point qu'au mois d'avril (1882) l'habile médecin qu'il consulta, conçut de vives inquiétudes à son sujet. Toutefois, après les vacances de Pâques, il retourna à son poste, tant l'amour du devoir était puissant en lui. Vers la fin de juin, il eût une violente hémorrhagie et dût aller essayer de se rétablir dans sa famille. Après quelques jours de repos, on pût constater une légère amélioration. C'était trop peu pour une famille qui le chérissait. C'était assez pour lui, et malgré les prescriptions du médecin, malgré toutes les représentations, il repartit, voulant, disait-il, partager avec ses collègues les fatigues des derniers jours qui précèdent la distribution des prix. Cependant la maladie faisait de rapides progrès, et une dernière fois, il reparut au collège pour la réunion des anciens élèves, c'était le 10 août 1882. Ses confrères, ses amis, heureux de le revoir, ne se doutaient pas que sa fin fût si proche. De retour dans sa famille, le cher malade suit le traitement qui lui est prescrit. Le silence, le repos, le calme de l'esprit, il s'impose tous les sacrifices pour prolonger ses jours déjà si précieux aux yeux de tous et particulièrement de ses parents affligés. Autour de lui, on n'ose perdre tout espoir de le sauver, lui seul ne se fait pas illusion. « Je sens, dit-il, que mes forces s'en vont tous les jours. » Cependant il se conforme à la sainte volonté de Dieu et ne néglige rien pour rétablir sa santé. Les soins les plus assidus, les plus intelligents lui sont prodigués. Mais avant tout, il s'adresse à Notre-Dame de Lourdes, qui seule peut le guérir, disait-il, avec confiance : et il faisait violence à celle qu'il appelait sa bonne Mère et dont l'image était placée dans une petite grotte qu'il avait établie dans sa chambre. Chaque jour on le voyait arriver à l'église pour l'heure de la première messe. Mais déjà il se trainait plutôt qu'il ne marchait. Toutefois, quelle prostration devant le Saint-Sacrement ! Quelle piété pénétrante, angélique pendant l'adorable sacrifice de la Messe ! Déjà il semblait s'essayer aux douleurs accablantes qui l'étreindront sur le lit de mort. et s'unir à l'auguste victime pour l'heure suprême de l'immolation complète. Il oubliait ses propres souffrances, il ne tenait aucun compte de sa grande faiblesse, pour venir avec nous visiter les malades de la paroisse. Il trouvait un mot de consolation pour chacun d'eux, et leur apprenait, par son exemple, à souffrir avec une entière résignation à la volonté du souverain maître.

Sa charité envers les pauvres était plus admirable que jamais. Déjà il avait détaché son cœur des richesses de ce monde, ce n'était pas assez ; il eût voulu distribuer au plus tôt tout ce qu'il possédait. Jamais nous n'oublierons la touchante circonstance dans laquelle, un mois avant sa mort, il fit une généreuse aumône à une petite fille atteinte d'une grave infirmité : « Prenez, mon enfant, dit-il, en re-
« tour vous réciterez pour moi votre chapelet, afin
« d'obtenir ma guérison s'il plait au Seigneur de
« me l'accorder. » Puis il détourna les yeux pleins de larmes. La pauvre enfant ne savait comment témoigner sa reconnaissance : « Merci, Monsieur l'Abbé, dit-elle, merci, quand je serai rentrée dans mon pieux asile, je ne cesserai de prier et de faire prier

pour mon bienfaiteur. » Quelques jours plus tard notre cher malade recevait un papier pointé sur lequel la petite aveugle avait essayé de marquer l'expression de sa vive gratitude.

Impossible de dire la force, l'énergie qu'il déploya avant de céder enfin au mal qui le minait rapidement. Bientôt une faiblesse effrayante l'accabla ; il fut obligé de s'aliter. C'est avec amour qu'il se mit sur sa couche, s'y considérant avec Jésus sur la croix. Il répétait de tout son cœur : « *Sit nomen Domini benedictum !* » Les hémorrhagies reprirent coup sur coup et lui causèrent de vives douleurs. Comme on l'encourageait à souffrir, en lui présentant le crucifix : « Ah ! dit-il, j'aimais beaucoup la croix jusqu'ici, mais je l'aime encore mieux depuis que je la porte. » Pour supporter un tel martyre, il fallait une grande abondance de consolations célestes. Notre cher malade connaissait le vrai et unique consolateur de toutes nos souffrances, Jésus-Christ qui seul a pu dire : « Venez à moi, ô vous tous qui souffrez et qui ployez sous le fardeau et je vous soulagerai. » Jésus-Christ qui, dans les trésors de sa grâce, nous apporte le remède efficace à toutes nos douleurs.

C'est ici que nous voudrions redire les moindres détails des trois dernières semaines d'une vie qui ne fut jamais plus édifiante que quand Dieu voulut qu'elle finit.

Il tint constamment le crucifix d'une main et de

l'autre l'image de Notre-Dame de Lourdes. A l'exemple de tant de saints, montant en esprit sur le calvaire, il serrait amoureusement la croix contre son cœur, et pleurait en pensant aux inexprimables douleurs de Jésus qui répandit tout son sang, disait-il, s'offrant en holocauste à son Père, afin d'expier nos péchés. Ses douleurs devenaient-elles plus aiguës, il les charmait par quelque réflexion pieuse qui ravissait ceux qui entouraient sa couche. Il disait : « Ce que je souffre est bien peu de chose, « en comparaison des tourments qu'a endurés notre « sauveur. Saint Joseph, patron de la bonne mort, « rendez la mienne sainte. O Marie, consolation des « affligés, secours des Chrétiens priez pour moi. »

Mais voici venir le souverain consolateur : C'est Jésus qui a quitté le tabernacle pour aller visiter son fidèle serviteur. Louis oublie toutes ses douleurs pour se préparer à la sainte Communion, il scrute sa conscience jusque dans tous ses replis, se confesse avec une contrition qui nous émeut jusqu'aux larmes ; et, quand l'auguste victime a franchi le seuil de la chambre, le malade fait un effort, comme pour se soulever de son lit et tendre vers son Dieu ses mains défaillantes. Quand il entend : *Pax huic domui !!* Oui, répète-t-il ! La paix, la paix du Ciel, l'adoucissement à tous mes maux, la voici, c'est là Très Sainte Eucharistie !

Lorsque l'union est consommée, quel calme ! quel baume consolateur ! Le suprême médecin transfigure ses douleurs, et par un secret divin, en change l'amertume en une suavité merveilleuse. Ce soulagement qu'aucun secours humain ne pouvait lui procurer, se renouvelle toutes les fois que le malade fait la sainte Communion ! Que je me trouve bien, disait-il, quand je reçois le bon Dieu ! Alors ma patience est au-dessus de toute épreuve, parce que je ne suis plus seul à souffrir. Oui, dans cet état même de dépérissement rapide, il trouvait alors quelques instants de sommeil doux et paisible, et il remerciait avec l'accent le plus affectueux, les personnes dont il était entouré. Une joie sereine paraissait toujours sur son visage, et la douceur était tellement répandue sur ses lèvres souriantes (Oh ! ces derniers sourires sont aussi doux que cruels !) que c'était une grande satisfaction d'être auprès de lui.

Dans les moments de calme, son bonheur était de se faire lire la vie de saint François d'Assise. « Lisez-moi, disait-il, les passages qui marquent « son amour pour la croix, pour les sacrifices. » Et le malade admirait le grand serviteur de Dieu, devenu fou, mais de la sainte et divine folie de la croix. De cette folie qui confond la sagesse humaine, qui, depuis la crèche et le calvaire, mène royalement le monde par la souffrance volontaire et le sacrifice, de la terre au Ciel et de la mort à l'éternelle vie.

Des lettres de consolation, de pieuse sympathie

lui arrivent de toutes parts. Une entre toutes le réconforte merveilleusement. C'est celle d'un Père à son enfant spirituel : Quelles douces larmes, nous vîmes couler sur ses joues amaigries, quand nous lui lûmes ce passage : « Pour vous, mon bien cher enfant (voici que je m'oublie encore comme au commencement de l'année) croyez bien que je n'ai pas oublié les années que j'ai eu le bonheur de passer avec vous, comme élève ou comme collègue ; vous m'avez laissé des souvenirs qui ne s'effacent point. Que la sainte et douce volonté de Dieu se fasse et sur vous et sur moi, puisqu'il n'y a que cela de bon au Ciel et sur la terre. Mais je lui aurais été bien reconnaissant, s'il avait tout arrangé pour nous laisser encore un peu de temps ensemble, pour mieux nous connaître en travaillant à sa gloire et en défendant les âmes qu'il nous confie. Il vous dit de vous reposer et de vous soigner ; faites-le, et de bon cœur. »

Auprès du cher malade, veille sans cesse une fille de Saint-François. Avec elle, il prie, et quand il n'a plus la force d'unir ses prières à celles de cet ange de dévoûment, il se contente de dire à demi-voix : *fiat voluntas tua !* et il donne un doux sourire à la croix, qu'il avait fait placer au pied de son lit. Avec quelle délicatesse, il remerciait souvent la bonne sœur de ses attentions et de ses prévenances, que la religion seule pouvait inspirer. L'on ne savait ce que l'on devait admirer le plus, ou l'humilité de la sainte fille qui comptait pour rien ce qu'elle faisait,

5

ou la gratitude du cher abbé, qui trouvait que l'on faisait beaucoup trop pour lui. Un autre cœur aussi se dévouait tout entier au soin du bien-aimé malade. Non, non, il ne vous oubliera pas au Ciel, digne tante, celui qui vous appelait immédiatement auprès de lui, lorsque le mal semblait au-dessus de ses forces ; dans vos bras, appuyé sur votre sein, il se trouvait moins faible, il était soulagé.

Sans doute, un père, une mère, une sœur, dignes de ces noms si chers, veillent aussi, avec ce courage et cette résignation que la foi peut donner ; mais avec ces dernières et exquises tendresses d'un mourant, Louis se contente de leur accorder un regard souriant, et de les préparer doucement à une séparation qui devait leur être si sensible. Le 2 octobre, il dit à sa mère : « Maman, je vais mourir. Ce sont les dernières larmes que je vous ferai répandre. » Pauvre mère ! Elle eût pu répondre : « Mon enfant tu ne m'as jamais procuré que de la joie. Voici le premier chagrin que tu me causes. »

Dès lors le moment de faiblesse et de résolution suprêmes semble se hâter. Louis l'appelle de tous ses vœux. Que ne puis-je mourir, un samedi, disait-il ! J'irais au Ciel, le jour même de ma mort, parce que je porte les livrées de la Reine du Ciel ! Prions, continuait-il, pour que je meure bien ! Plus que de coutume, il veut que sa chère sœur soit souvent auprès de lui, afin de la consoler. « Tu prieras, lui dit-il, pour venir me rejoindre au Paradis. La douce intimité dans laquelle nous vivions, n'a été que d'un moment sur la terre, elle sera de tous les moments dans le Ciel.... »

Sa mère, qui n'imaginait pas que son enfant pût mourir, se montrait admirable de résignation ; elle ne pleura jamais devant son bien-aimé. Dans les rares instants où elle le quittait pour vaquer aux affaires de la maison, elle soulageait le trop plein de son cœur et laissait aller le torrent de ses larmes. Son sacrifice à Dieu était fait ; elle obéissait au Seigneur qui nous dit de pleurer ceux qu'il lui plaît de nous enlever, elle lui obéissait jusqu'à la perfection, en retenant ses larmes devant le moribond et devant nous tous, qui avions les yeux baignés de pleurs et fixés sur ce visage angélique si pâle, si défait et d'une sérénité toute céleste !.,.

Les visiteurs se succèdent fréquemment dans la chambre du malade et tous se retirent, charmés, attendris : « Nous avons vu un ange, disent-ils en s'éloignant. » Le mardi 3 octobre, vers dix heures du matin, il demanda à se confesser. Il craint toujours d'avoir oublié quelque chose, c'est son expression : « Dieu est si juste, dit-il, ses jugements sont si redoutables ! »

Le démon, qui n'a pu le vaincre par la douleur, essaie de le tenter du côté de l'esprit, alors que notre cher malade n'a plus que les attentions les plus vives pour les choses du Ciel, abandonnant la chair à son propre poids et la laissant devenir ce qu'elle peut. Louis aura un nouveau trait de ressemblance avec saint Stanislas Kotska et le B. Berchmans; à peine sa confession est-elle terminée, à peine a-t-il imploré un dernier pardon avec une entière confiance en la miséricorde infinie du sauveur, qu'immédiatement il aperçoit au pied de son lit deux fantômes qui le jettent dans l'épouvante. Qu'est-ce là, s'écria-t-il? On lui demande la cause de sa frayeur : « Voyez-vous ces deux êtres, répondit-il? Ils viennent pour me saisir et me précipiter en enfer. Secourez-moi ! » On lui présente alors le crucifix, il le presse sur ses lèvres empourprées par la fièvre, et bientôt sa frayeur se dissipe. Il sourit : « Que Dieu « est bon, dit-il ! Quand irai-je le contempler dans « le Ciel ? Quand partirai-je ? Donnez-moi mes vê- « tements ecclésiastiques, je veux aller au Ciel au- « jourd'hui. »

Admirable martyr, courage ! Votre couronne est bientôt tressée. La nuit du 3 au 4 octobre fut agitée, mauvaise. Les hémorrhagies reprirent avec une nouvelle intensité, l'assoupissement et l'abattement furent plus prononcés que jamais, après les crises et même pendant les crises occasionnées par l'hémoptysie : il nous conjurait de l'aider à prier; avec quelle complaisance il redisait : « *Misericordias Domini in æternum cantabo* ! » Sa tête était toujours penchée, au point qu'on était obligé de la redresser, quand on voulait faire prendre quelque potion au cher moribond : « Merci, disait-il, avec une aimable et douce tranquillité ! » Le matin, 4 octobre, l'accablement continuait. Le pieux malade avait déjà reçu, solennellement tous les sacrements, et, plusieurs jours auparavant, avait voulu offrir ses membres encore vivants aux huiles saintes, qui en ôtent les dernières souillures, et qui, de cette chair de péché, font une chair de résurrection, cependant il exprime le vif désir de faire une fois encore la sainte Communion. Jésus-Hostie vint le fortifier pour la lutte suprême. Louis fut soulagé et malgré une nouvelle hémorrhagie, il se sentit moins faible et dit avec beaucoup d'assurance : « Je ne mourrai pas aujourd'hui. Ce sera demain. »

Vers dix heures, monsieur l'abbé Mormentyn retrouva une énergie que la sainte Communion seule avait pu lui rendre : « Je mourrai demain, nous dit-il, encore. Avant de quitter cette terre, je veux laisser un souvenir à mes amis. » Et, chose naturellement inexplicable, celui qu'il fallait soutenir en tout autre circonstance, s'assit sur son lit, se fit apporter les objets les plus précieux que renfermait sa cassette, puis il les distribua, avec un calme, une sérénité vraiment célestes, à ceux qui avaient la première place dans son cœur : La mort était là tout près, il souriait, il semblait lui commander d'attendre et lui arracher encore quelques heures par l'énergie de sa volonté ; nos forces furent surpassées par celles du moribond, lorsque d'une main presque glacée par la mort, il traça ces mots sur la première page d'une

Imitation de Jésus-Christ. « A mon ami H. C. la veille de mon entrée dans le Ciel : L. M. D. »

Oui, vous tous ses bien-aimés, qu'il a nommés tour-à-tour à ce dernier jour qui précéda celui du grand départ, gardez un gage deux fois sacré d'affection sainte ; jamais le cher malade ne vous a plus aimés qu'à ce moment solennel : « Je les reverrai au Ciel, disait-il. » Personne ne fut oublié dans ce pénible retour du cœur, et sa délicatesse, je le sais, égala son courage.

Louis se laissa alors retomber sur sa couche, passa le reste de la journée dans de cruelles souffrances, qui n'étaient suspendues que par de courts et rares intervalles d'assoupissement ; et il disait : « *Fiat voluntas tua ?* J'accepte le sacrifice tout entier ! Aidez-moi à prier ! » Le jeudi, 5 octobre, vers trois heures, il désira qu'on appelât sa chère sœur. Elle repose, lui dit-on. « Tant mieux, répondit-il, laissez-là, elle se fatigue trop pour moi. » Enfin l'heure tant désirée est venue ? A un instant de calme succéda une hémorrhagie, le sang étouffa le malade qui sourit une dernière fois, en abandonnant le crucifix et l'image de la Très Sainte Vierge, et sa belle âme, merveilleusement sanctifiée par les souffrances, brisa les liens, qui la retenait dans sa prison terrestre, pour s'envoler dans le sein de Dieu ; il était quatre heures et demie du matin, 5 octobre. Et nous pleurions autour de ces restes bénis, glacés par la mort ; mais toutes nos larmes n'étaient point des larmes de douleur, nous pleurions aussi d'édification, de reconnaissance envers Dieu, nous pleurions enfin de bonheur, en contemplant des yeux de la foi, le vertueux abbé dans la gloire des élus, s'occupant à assurer à tous ceux qu'il a quittés pour un moment, une place dans le Ciel.

CHAPITRE HUITIÈME

LES FUNÉRAILLES

A la nouvelle de sa mort, toute la paroisse fut consternée, chacun le pleura comme on pleure un enfant, un frère, un ami sincère. Quelle perte, dit-on ! Il était si bon ! C'était un saint !

Les témoignages de la plus vive sympathie arrivent aussi de toutes parts et apportent une précieuse consolation à des parents éplorés.

C'est l'un de ces messieurs les vicaires capitulaires « qui pleure sincèrement avec tout le personnel de « l'école Notre-Dame de Boulogne, le cher et angé- « lique abbé que le bon Dieu vient d'appeler si « promptement au Ciel. Pourquoi, quand il a déjà « tant de saints dans son Paradis, n'en laisse-t-il « pas plus sur la terre ? »

C'est un père de famille, aux sentiments nobles et

délicats, qui nous prie de transmettre ses condoléances à des parents plongés dans un deuil immense : « Nous prenons la part la plus vive au mal-
« heur qui frappe la famille Mormentyn. Dites bien
« de notre part, à tous, que notre sympathie leur est
« acquise. Il n'était pas possible de connaître ce
« jeune homme sans l'aimer, et heureux sont ceux
« qui ont pu l'approcher dans ses derniers jours,
« ils ont vu un prédestiné ! Remerciez bien cette
« bonne famille d'avoir pensé à mon fils, pour
« rendre un dernier témoignage d'affection à celui
« que nous pleurons avec elle. »

Un maître bien-aimé écrivait le 6 octobre :

« Je ne puis laisser passer la journée, sans vous
« dire combien je suis rempli de la pensée de Louis.
« Je le prie pour moi, plus que je ne prie pour lui.
« Je ne puis le plaindre. Puissè-je mourir comme
« lui pour aller jouir de Dieu avec lui ! »

Une belle âme, un cœur pur et saintement compâtissant, essayait de consoler une sœur profondément affligée, en lui écrivant :

« De tous côtés, je n'entends dire que du bien
« de monsieur votre frère, tout le monde est
« d'accord pour affirmer qu'il était trop saint pour
« la terre ; aussi je suis plutôt portée à l'invoquer
« qu'à prier pour lui. » Une mère admirable de résignation, dans les mêmes circonstances, écrivait aussi : « Monsieur l'abbé Mormentyn était un
« modèle. Aucun défaut ne lui était connu. J'étais

« heureuse de le compter parmi les amis de mon
« fils ! »

Citons cette lettre pleine de consolations : « Je
« viens pleurer avec vous le saint frère que le Ciel
« a redemandé à sa famille désolée. Je ne sau-
« rais pleurer sur lui, mais sur nous, qui sommes
« condamnés à subir cet exil ; pour le pieux lévite de
« la tribu du Seigneur, il a déjà sa couronne :
« il a même la couronne du religieux, du prêtre,
« de l'apôtre. Depuis longtemps, il était tout cela
« dans son cœur, c'est la sainte flamme qui le
« consumait. Pour Dieu, ce qu'il désirait ar-
« demment est réputé comme fait ; il est parti
« avec toutes les gloires de l'apostolat religieux et
« sacerdotal.

« C'est donc vous qui avez perdu le plus vrai, le
« plus sage de vos conseillers, et vos bons parents
« la joie et le bonheur de leur maison. Mais quand
« même il serait resté sur la terre, la terre n'était
« plus rien pour lui ; il poursuivait le Ciel et le Ciel
« s'est ouvert pour le recevoir, nous avons un pa-
« tron de plus ; il veillera sur vos jeunes années, il
« répondra à vos consultations ; ses pieux et cou-
« rageux exemples seront pour sa sœur bien-aimée,
« des lumières qui ne s'éteindront jamais.

« Bien des cœurs ont ici pleuré pour vous, mais
« chacun bénit le Seigneur du parfum que le pieux
« abbé a laissé sur son passage et dont il a embaumé
« sa maison. »

Un compagnon écrivait :

« Je ne saurais vous dire ce que j'ai ressenti et ce que je ressens en pensant que mon cher, mon saint compagnon de l'an dernier n'est plus ! Je l'ai toujours devant les yeux du cœur, si je puis parler ainsi, je ne me rappelle pas avoir senti si vivement une nouvelle de ce genre. On a communié pour lui dimanche, plusieurs messes ont été dites à son intention ; j'espère qu'il est arrivé au terme de ses désirs, et cependant je ne puis songer à lui sans me trouver comme accablé. Je suis sûr que sa mort est des plus belles et des plus saintes ! car pendant toute l'année dernière, je n'ai rien remarqué en lui qui n'indiquât une piété plus qu'ordinaire.

« Que je serais heureux, si j'avais quelques détails sur sa mort, sur ses derniers jours !

« Pourquoi le plaindre, ne faut-il pas plutôt envier son sort ; je priais pour qu'il vînt me rejoindre, et c'est à moi de m'efforcer de mériter de le rejoindre un jour moi-même, dans la vraie patrie où on ne se quitte plus !

« Il me semble que je serais moins désolé, s'il était devenu mon frère avant de partir ! Que la volonté du bon Dieu soit faite ! Boulogne perd en lui un cœur bien dévoué, un vaillant combattant ! Mais, on n'en saurait douter, il continuera à surveiller ses enfants de deuxième division, qu'il aimait tant !

« Je m'arrête, je me laisserais entraîner trop
« loin ; je continue toujours à prier pour lui, je crois
« que je pourrais plutôt le prier de prier pour moi.
« Le cher, le saint jeune homme, que je suis content
« que le bon Dieu me l'ait donné pour compagnon !
« Il me faudra du temps pour m'habituer à la pensée
« qu'il est mort ! »

A toutes ces sympathies si vives, si chrétiennes, vinrent s'ajouter des démonstrations unanimes, qui firent des funérailles de monsieur l'abbé Mormentyn, un véritable triomphe, image de son entrée glorieuse dans le Paradis.

Les jeunes gens de son âge, restés toujours ses affectueux admirateurs, ne savent comment témoigner leurs regrets aussi sincères que profonds. Sa couche funèbre disparaît sous les fleurs et les plus riches couronnes, et pendant les quatre jours que le corps fut exposé, les habitants de la paroisse, conduits par une douloureuse sympathie, vinrent saluer une dernière fois la sainte dépouille du cher Abbé : Si, en présence de ce cercueil trop prématurément ouvert, on ne pouvait réprimer entièrement les élans du cœur, l'âme, du moins, s'élevait confiante au-dessus des emblèmes de la mort et suivait, par la pensée, celle du défunt jusqu'au trône de la Majesté voilée par les Chérubins. Si l'on priait, dans la chapelle ardente, c'était moins pour celui qui n'était plus, que pour le conjurer d'intercéder en faveur de ceux qu'il a laissés dans la plus grande désolation.

Oui, la chambre était remplie d'un pieux saisissement plus fort que toutes les faiblesses des sens, que les horreurs de la mort.

Les amis, les compagnons d'enfance du défunt cherchèrent à se consoler en décorant l'Eglise pour le jour des funérailles qui eurent lieu le lundi 9 octobre.

Par leurs soins pieux, des tentures de deuil au chiffre du défunt recouvrirent entièrement les murailles du sanctuaire et serpentèrent sur les deux côtés de la nef principale. Dans l'avant-chœur s'éleva un catafalque semblable à un berceau de fleurs et d'arbustes ; tout appareil funèbre y disparut sous les symboles les plus touchants de l'innocence et sous les emblêmes de la plus radieuse espérance.

Au-dessus du catafalque, un écusson portait cette inscription : *Fiant novissima mea horum similia !* « Puisse notre âme ressembler à la sienne ! » A ce vœu, formulé dans nos saints livres, que de larmes dévorées, que de désespoirs étouffés !.....

Le lundi 9 octobre, à l'heure fixée pour les funérailles, des groupes de jeunes filles, vêtues de blanc, se rangent sous les bannières de la paroisse et font songer aux élus, aux esprits angéliques qui suivent l'Agneau sans tache partout où il va, et parmi lesquels la foi et l'espérance chrétienne font voir l'âme du cher défunt.

Le convoi, présidé par monsieur le doyen d'Audruicq, entouré des prêtres du canton, se met en marche pour aller au-devant de la dépouille mortelle que le corbillard ramène de l'église d'Offekerque, lieu de résidence de la famille Mormentyn. Vers dix heures et demie, les deux paroisses de Guemps et d'Offekerque se trouvent réunies pour former le magnifique cortège funèbre, qui se dirige vers l'église de Guemps, où l'on arrive à onze heures.

Dans le parcours, le convoi devient imposant, lorsque l'on descend le cercueil du corbillard, comme pour mieux laisser saluer les restes bénis par une députation de professeurs et d'élèves du collège Notre-Dame de Boulogne, arrivés pour rendre les derniers devoirs, à un collègue bien-aimé, à un maître déjà hautement apprécié. Huit jeunes gens portent le cercueil; en avant les amis intimes du défunt marchent tenant à la main des croix, des couronnes précieuses. Les cordons du poêle sont tenus par quatre professeurs. M. l'abbé Blin, supérieur, M. l'abbé Deseille, les RR. PP. Siméon et Dubuisson, si vénérés, si affectionnés par le cher défunt, sont là, dans l'attitude la plus douloureuse, mais aussi la plus confiante. C'est que un tel convoi est une marche vraiment triomphale, où chacun redit les vertus du défunt, où retentit un concert de louanges et de regrets, qui s'échappent de toutes les lèvres.

Vers onze heures et demie le service commence : monsieur le Doyen monte à l'autel; le R. P. Dubuisson et monsieur le curé de Ruminghem l'assistent, l'harmonium est tenu par monsieur le curé de Sainte-Marie-Kerque.

Une foule compacte essaie de se placer entièrement dans l'église, impossible ! Toutefois le recueillement est parfait, on dirait un deuil public.

Avant l'absoute, M. l'abbé Deseille, son ancien supérieur, prononça une allocution si touchante que l'émotion de l'assistance fut portée à son comble ; des larmes coulèrent de tous les yeux. Nous sommes heureux de n'être pas réduit à l'analyser ; nous la mettons sous les yeux du lecteur, qui se rendra facilement compte de l'impression qu'elle dut produire sur l'auditoire :

L'Eglise se montre ordinairement sobre de discours funèbres : elle laisse aux œuvres, selon une parole de nos Ecritures, le soin de louer les morts ; et certes, dans la vie si courte de celui que nous pleurons, il y a des œuvres qui publient ses louanges, il y a des œuvres qui nous permettent de lui appliquer ces paroles de nos livres saints : *Consummatus in brevi, explevit tempora multa.* Il a vécu peu et il a fourni une longue carrière.

Enfant, il a toujours dédaigné les jeux de l'enfance, il n'a eu d'autre passion et d'autre bonheur que de se livrer à l'étude et de servir à l'autel. — Ecolier, il a été constamment l'esclave du devoir, le strict observateur de cette règle, dont les mille détails coûtent tant à la légéreté de l'enfance. — Congréganiste de la Sainte Vierge, il est animé d'un saint zèle pour le bien spirituel de ses frères ; il fait généreusement le sacrifice de ses goûts et de ses sympathies pour se faire tout à tous et les gagner tous à Jésus par Marie. — Ecclésiastique, il revêt avec joie, je dirai même avec enthousiasme, notre saint habit qui lui a été cher jusqu'à la mort, tellement cher qu'il y a quelques jours, il a demandé à en être revêtu aussitôt qu'il aurait rendu le dernier soupir ; ecclésiastique il montre, dès son début dans la carrière, un heureux mélange de la gravité qui doit être l'apanage du prêtre et de l'affabilité qui convient au pasteur.— Professeur, il conquiert, après quelques jours, une autorité incontestable sur un grand nombre d'enfants, et il devient le père à la fois respecté et aimé de ceux, qui, peu de semaines auparavant, étaient ses condisciples et ses frères.

Oui, on peut véritablement dire de ce jeune homme ce que l'Ecriture dit de la femme forte : *Laudant eum opera ejus*. Ses œuvres publient ses louanges. Mais qu'ai-je besoin d'insister sur les mérites de notre défunt ? La foule qui se presse autour de ce cercueil, les larmes qui s'échappent de vos yeux, la sympathie qui éclate de toutes parts me montrent que vous l'avez connu, que vous l'avez bien apprécié et tout me prouve qu'ici, comme à Boulogne, il n'y avait, pour ainsi dire, qu'un seul cœur pour l'aimer, une voix pour proclamer ses vertus.

Je n'ai donc aujourd'hui, M. F., pour répondre à

votre attente et à vos désirs qu'une seule parole à dire du haut de cette chaire, c'est une parole d'adieu qui, dans la langue chrétienne, signifie au revoir auprès de Dieu.

Oui, adieu, fils et frère bien-aimé, au nom de cette famille éplorée, qui verse sans doute des larmes bien amères sur la tombe du fils le plus dévoué et du frère le plus aimant, mais qui jouit, en même temps, de l'incomparable consolation de contempler un fils et un frère parmi les Saints. — Adieu, au nom de ces amis que je vois groupés près de vous, et que vos exemples et votre souvenir maintiendront dans la voie du bien. Mes chers amis, faites-en la promesse devant cette dépouille mortelle ; votre saint ami la recueillera là-haut et la portera au pied du trône de Notre-Seigneur.

Adieu, au nom de vos élèves, qui, malgré la légéreté de leur âge, se souviendront toujours des leçons et des exemples de leur jeune et bon maître. — Adieu, au nom de vos confrères, avec lesquels vous étiez si fier de lutter pour la plus grande et la plus noble de toutes les causes. — Adieu, au nom de la Compagnie de Jésus, qui a achevé en vous l'œuvre si bien commencée par le vénéré pasteur de cette paroisse ; qui, un jour peut-être, aurait vu en vous un nouveau Louis de Gonzague, un Berckmans, un Stanislas Kostka, si Dieu ne vous avait pas admis si tôt à la béatitude des élus. Adieu, au nom du bon et saint pasteur de cette paroisse, qui en vous perdant perd la plus grande joie et la plus douce espérance qui puisse animer le cœur d'un prêtre.

Adieu, en mon nom aussi, ô vous qui me donniez le droit, si cher à mon cœur, de vous appeler, mon enfant ; vous qui avez été un de mes fils les plus fidèles et les plus aimants ! Comme votre pasteur, je faisais pour vous les plus beaux rêves d'avenir ; je vous voyais prêtre, je vous voyais apôtre, marchant sur les traces de votre grand oncle, dont le cœur était de feu pour les âmes ; je vous voyais gagnant des milliers d'âmes à notre Dieu.

Mais consolons-nous, frère bien-aimé, Dieu a vu les désirs de son cœur, et il lui a donné la récompense, sans qu'il ait connu les labeurs ; et là-haut il sera, je l'espère, le protecteur de votre troupeau et du mien.

Adieu enfin, au nom de cette bonne paroisse de Guemps, que vous avez tant aimée ! Vous le savez sans doute, M. F., il a voulu que son corps reposât au milieu de vous, entre cette église où il a si bien prié, et ce presbytère, où il a toujours trouvé une seconde famille. Soyez fiers de cette marque d'affection, et que la vue de sa tombe vous rappelle que vous devez, comme lui, aimer votre Dieu et comme lui être fidèles à Dieu jusqu'à la mort.

Maintenant, M. F., il faut nous séparer de lui : mais ce n'est pas lui, c'est nous qu'il faut plaindre. Quelques heures avant de mourir, il regardait son crucifix qu'il tenait à la main, et il disait : « O mon

Jésus, comment peut-on jeter votre image dans la boue ? Elle est si consolante pour moi, sur mon lit de mort ! » Nous, M. F. si Dieu nous laisse encore quelque temps sur la terre, nous aurons le cœur abreuvé, de bien des tristesses et de bien des amertumes !

Nous verrons peut-être la croix de notre sauveur disparaître du prétoire, où elle maintient la justice, et de l'école où elle enseigne l'obéissance et le respect ; et lui, il contemple dans le ciel la croix toute resplendissante de J.-C., cette croix qui est son salut et sa récompense.

Nous, nous aurons peut-être la douleur de voir notre sainte religion abandonnée, vilipendée même, par une génération sans Dieu ; et lui, il voit des millions d'anges et de saints qui chantent, pour toute l'éternité, les louanges du Très-Haut. Car je ne puis penser, M. F., que Dieu n'ait pas encore récompensé une si sainte vie couronnée par une si sainte mort ; une mort, qui rappelle celle de son cher et glorieux patron, saint Louis de Gonzague. Comme lui il disait : Quand partirai-je pour le Ciel ? Allons, partons et partons avec joie. — Que je suis bien, disait-il en souriant doucement, avec mon crucifix d'une main et ma statuette de Notre-Dame de Lourdes de l'autre ! — Je fais volontiers, disait-il encore, le sacrifice de ma vie, et même, je surabonde de joie.

Oui, oui il est au Ciel : et, si à cause du mystère qui plane sur les décrets de la Providence, nous devons prier pour lui, nous avons la douce confiance que nos prières serviront plutôt à nous, qui pleurons, qu'à lui qui nage dans le torrent de délices dont Dieu enivre ses élus.

Il y a un an, ô mon bien-aimé fils, j'avais le bonheur de vous voir avec un de vos plus fidèles et de vos plus intimes amis, aux pieds d'un autel de Marie, vous enrôler sous la bannière de Notre-Dame des Douleurs : Vous êtes maintenant près d'elle ; dites-lui bien d'être la mère de la consolation pour votre père, votre mère et votre sœur, dites-lui surtout de préparer une place près de vous dans le ciel à nous tous, qui vous avons tant aimé sur la terre.

Ces mots bien simples et bien vrais, sont tout-à-fait éloquents, mais ce qui parle plus haut, c'est la vie et la mort de monsieur l'abbé Mormentyn, le souvenir si édifiant de ses vertus restera impérissable dans la mémoire de ceux qui l'ont connu.

M. l'abbé Blin, supérieur du collège Notre-Dame, fit l'absoute et le cercueil fut déposé dans un caveau, construit à la place que le cher défunt avait lui-même désignée plus de trois mois avant sa mort. « Oh ! enfant bien-aimé, si selon votre désir,
« plein d'une exquise tendresse, votre tombe n'est
« point dans ce presbytère, où, vous aimiez à le redire
« dans vos derniers moments, vous avez goûté
« tant de joies pures, du moins, votre dépouille
« chérie repose sous les regards de celui dont la

« douleur est tempérée par le pieux souvenir de
« votre vie et de votre mort, et par la pensée que
« notre séparation ne sera pas longue, et que vous
« hâterez notre réunion par vos prières si puis-
« santes sur le cœur de Dieu ! »

Vers le soir du jour des funérailles, les professeurs et les élèves, qui étaient venus rendre les derniers devoirs à monsieur l'abbé Mormentyn, allèrent,
avant le départ, s'agenouiller sur la tombe. A ce
moment eut lieu un spectacle bien touchant ; toutes
les voix qui récitaient le *De profundis* étaient
pleines de larmes, surtout lorsque le digne ami,
l'ami intime du cher défunt ouvrit l'*Imitation de
Jésus-Christ* sur laquelle sont écrits les mots admirables d'espérance, que nous avons rapportés. Bientôt, à la douleur, à la tristesse succéda un doux sentiment de confiance; chacun croyait voir le nouvel
élu lui donner un sourire du haut des cieux, et désirait ardemment partager son sort au plus tôt. Et
maintenant, mon Dieu, malgré l'épreuve, malgré le
coup terrible que vous avez frappé, nous répèterons
les paroles que notre bien-aimé, lisait avec tant de
bonheur dans son *Imitation*, dont il faisait son *vade
mecum* : « Seigneur, Dieu, Père saint, soyez béni, à
« présent et toujours ; il a été fait comme vous l'a-
« vez voulu, et ce que vous faites est bien. Tout est
« à vous, et ce que vous avez donné et ce que vous
« avez fait. C'est une faveur de souffrir et d'avoir des
« tribulations en ce monde pour votre amour ! »

Oui, Seigneur, nous adorons vos desseins impénétrables ; daignez seulement exaucer ce vœu que nous vous adressons :

« Puissent notre vie et notre mort ressembler à
« celle de celui que nous pleurons ! *Fiant novissima*
« *mea horum similia !* »

FIN.

TABLE

CHAPITRES.   PAGES.

I. — Sa naissance. — Ses heureuses dispositions.   7
II. — Louis fait sa première communion . . .   13
III. — Les études commencent   20
IV. — Le collège   24
V. — La vocation.   38
VI. — Le surveillant. — Sa piété. — Ses moyens de former les jeunes gens à la vertu. — Sa vie intime   47
VII. — La maladie. — La mort   63
VIII. — Les funérailles   76

FIN DE LA TABLE.

Boulogne-sur-mer. — Imprimerie veuve Ch. Aigre, 4, rue des Vieillards.

www.ingramcontent.com/pod-product-compliance
Lightning Source LLC
Chambersburg PA
CBHW070324100426
42743CB00011B/2543